Les mathématiques expliquées à mes filles

Denis Guedj

Les mathématiques expliquées à mes filles

Éditions du Seuil

ISBN 978-2-02-092823-6

www.seuil.com

Remerciements à Jean Brette

DE QUOI PARLENT-ELLES ?

– *Qu'est-ce que cela veut dire expliquer?* demanda Lola.

– Tu commences fort ! *Plicare*, « plier » en latin, *explicare*, « déplier », mais cela veut dire aussi complexe et perplexe. Quand on est perplexe devant quelque chose de complexe, on cherche une explication. Et l'explication, en dépliant ce qui est plié et embrouillé, va le rendre plus clair. Même racine que *plexus*, oui, le nœud que tu as là, au creux de la poitrine et qui te fait si mal quand tu es stressée. Expliquer, c'est dénouer le nœud. Après l'explication, tout devient plus clair dans l'esprit, voilà pourquoi on dit qu'une explication « éclaire ». C'est le coup de vent qui chasse les nuages.

Ray attendit que le vent ait chassé les nuages.

– Lola, c'est quoi pour toi les maths ?

Lola ne prit pas beaucoup de temps pour répondre :

– *C'est une matière truffée de PROBLÈMES, bourrée d'INCONNUES et où l'on est cerné par des RÈGLES. Une matière où c'est le professeur qui pose les problèmes et où c'est moi qui dois les résoudre !*

Ray éclata de rire.

Comme beaucoup de ses camarades, Lola était NULLE EN MATHS. Enfin, c'est ce qu'elle clamait avec une effronterie affichée. Impossible cependant de ne pas déceler dans cette proclamation hautement revendiquée une sorte de coquetterie, la nullité en maths se portant bien chez certains élèves. Lola en était-elle vraiment fière, ou était-ce sa façon de revendiquer un handicap dont elle croyait ne jamais pouvoir se débarrasser ?

Ray et Lola étaient convenus que, pour commencer, chacun énoncerait ce qu'il aimait et ce qu'il détestait dans les mathématiques.

Lola débuta, et elle débuta très fort :

– Pour être franche, j'ai beaucoup de mal à trouver quelque chose qui me plaise… mais je ne désespère pas. Ce que je n'aime pas, je le dis à la suite ?

– À la suite.

La rafale crépita :

– D'abord, en maths, je ne sais pas de quoi on parle. Et puis, je ne sais jamais comment m'y prendre pour résoudre un problème, et puis je n'ai jamais compris ce que c'est qu'une – elle détacha les syllabes – *DÉ-MON-STRA-TI-ON. Je m'arrête ou je continue ?*

– Continue.

– Je ne comprends pas à quoi elles servent, je veux dire, à quoi elles servent dans la vie.

Enfin, elle lâcha ce qui semblait lui tenir le plus à cœur :

– Elles sont violentes !

Ray la regarda, sidéré. Les maths, violentes ! Il n'y avait que Lola pour proférer une telle accusation. Il se reprit, et avec un petit sourire :

– Mais si tu ressens de la violence dans les maths, c'est qu'elles ne te laissent pas indifférente.

Lola, déstabilisée, finit par jeter :

– *Est-ce que la prison laisse le prisonnier indifférent ?*

– Les maths, une prison !!!

– *C'est une analogie, juste pour contrer ton argument et te montrer qu'il ne démontrait rien. Comment veux-tu qu'une matière qu'on me contraint à suivre plusieurs heures par semaine depuis que je suis toute petite me laisse indifférente !*

– Tu peux peut-être me dire en quoi les maths sont violentes ?

– *Je les trouve brutales, les choses tombent comme un couperet. Tu te trompes d'un rien, c'est fichu, faux, totalement faux et pas… un tout petit peu faux.*

Ray éclata de rire.

– *Et puis*, poursuivit Lola sur sa lancée, *tu as la sensation que c'est comme ça et pas autre-*

ment, voilà ce qui m'agresse. Je me sens impuissante. Cela te cloue le bec. Et je n'aime pas qu'on me cloue le bec. Les maths, c'est… c'est sans réplique.

– Qu'est-ce que tu voudrais répliquer ?

– *Rien, justement.*

Elle remarqua le sourire qui se dessinait sur les lèvres de Ray :

– *Oh ! ne te réjouis pas. Si je n'ai rien à répliquer, c'est parce que cela ne m'intéresse pas assez pour que j'aie quelque chose à dire. J'ai des choses à dire uniquement sur ce qui m'intéresse !*

– Es-tu sûre qu'il n'y a qu'en maths que les choses sont « comme ça et pas autrement » ? La Seine traverse Paris et pas Strasbourg, c'est comme ça et pas autrement. La Bastille a été prise le 14 juillet 1789 et pas le 13. C'est comme ça et pas autrement.

– *Oui, mais, elle aurait pu.*

– Elle aurait pu quoi ?

– *Être prise le 13.*

Soufflé par la réplique de Lola, Ray comprit que l'échange – la confrontation ? – ne serait pas facile.

– D'accord, finit-il par lâcher. Que fait ton professeur d'histoire ? Il explique pourquoi la Bastille a été prise le 14 juillet, il donne des raisons, expose des faits, montre pourquoi l'événement a eu lieu à cette date. De même, en géographie, avec le cours de la Seine. Les choses auraient pu être autrement, certes, mais si elles sont comme elles sont, il y a des raisons. C'est cela, bien souvent, expliquer, donner les raisons.

– En maths, j'ai l'impression justement que les choses n'auraient pas pu être autrement. Elles sont comme elles sont, c'est cela qui est violent. Un triangle isocèle ne peut pas ne pas avoir deux angles égaux ! La pièce est jouée d'avance avant que tu arrives. Et tu te dis, qu'est-ce que je viens faire, moi, là-dedans ?

– Mais le cours de la Seine est « joué », comme tu dis, avant que tu arrives.

– C'est vrai, mais je le ressens différemment.

– Pourquoi, à ton avis ?

– Je crois vraiment que c'est parce qu'en maths, je ne comprends pas de quoi on parle. En histoire, en géographie, en français, en chimie, en physique, je sais. Même si je ne comprends pas toujours, j'ai

une petite idée de quoi ça parle. Là, c'est comme si c'était un langage secret.

– Ah ! s'écria Ray. Si c'est un langage secret, cela parle de quelque chose et pas de rien. D'accord ?

– *Euh… cela revient au même parce que, dans les deux cas, je ne sais pas de quoi ça parle.*

– Non. Cela ne revient pas au même, parce que si c'est un langage, secret ou pas, il parle de quelque chose. Donc, tu peux essayer de le décrypter. Es-tu d'accord au moins sur le fait que les maths ne peuvent pas ne parler de rien ?

– *Dit comme cela, je suis obligée de convenir qu'elles parlent sûrement de quelque chose. Mais de quoi ?*

– Eh bien, je t'annonce que lorsque tu entres dans un cours de maths, tu entres dans un cours de langue. Pas tout à fait comme ton cours de chinois, mais dans un cours de langue certainement.

– *En français, en chinois, il y a des hommes, des textes, des gens qui communiquent pour exprimer des idées, des sentiments, des informations, des mots d'amour même.*

Saisie par une idée soudaine :

– *En mathématiques, est-ce qu'on peut dire « Je t'aime » ?*

Pris au dépourvu, Ray hésita, mais fut contraint d'admettre qu'en maths, on ne pouvait pas dire « Je t'aime ».

– Je n'ai pas dit que l'on pouvait tout dire, mais on peut exprimer beaucoup d'idées : être entre, être de part et d'autre, être le plus grand, le plus petit, être proche, engendrer, recouvrir, se rencontrer…

Son assurance retrouvée, il déclara :

– Les mathématiques sont un langage, elles ne sont pas que cela, bien sûr. Un langage qui permet d'exprimer des pensées, d'énoncer des idées, d'établir des propositions, de poser des questions, d'affirmer, de réfuter, de décrire. Et ce n'est pas un langage secret, parce que les règles d'écriture qui le régissent sont publiques, tout un chacun peut en prendre connaissance. Mieux, tous les élèves, non pas peuvent, mais DOIVENT en prendre connaissance ; elles constituent une partie essentielle du cours.

– *Dans quel pays vais-je pouvoir l'apprendre, ce langage ? Montre-le-moi sur une carte afin que je puisse m'inscrire à un séjour linguistique.*

– Mademoiselle persifle. Ce langage, tu l'apprends en cours de maths.

– *Il faudrait peut-être que je fasse aussi des thèmes et des versions mathématiques...*

– Absolument. Traduire un texte mathématique en langage courant, excellent exercice. Faisons un inventaire des mots et des signes que l'on rencontre en mathématiques.

Ray écrivit brièvement sur une feuille qu'il tendit à Lola.

– Voilà trois expressions. Si l'on dit *expression mathématique*, c'est parce que l'écriture exprime quelque chose, une idée, un fait. Soit donc trois expressions qui se ressemblent, et qui sont pourtant de nature totalement différente :

« 2+ = », « 2 = 1+3 », « 2 = 1+1 »

« 2+ = », cette expression ne veut rien dire. Elle n'est pas fausse, on pourrait dire qu'elle n'est même pas fausse. Pour qu'elle le soit, il faudrait qu'elle ait un sens. Or elle n'en a pas. Elle est *mal formée*, car elle n'est pas formée suivant les règles d'écriture.

« 2 = 1+3 », je comprends ce que cela veut dire : le nombre 2 et le nombre 1+3 sont égaux. Je comprends. Mais c'est faux.

« 2 = 1+1 », je comprends ce que cela veut dire : le nombre 2 et le nombre 1+1 sont égaux. Je comprends, et c'est vrai.

La plus grande partie des erreurs en mathématiques viennent du fait que les phrases que l'on écrit n'ont pas de sens. Première précaution donc : s'assurer qu'elles sont écrites conformément aux règles d'écriture.

> Ray libéra une nouvelle feuille, écrivit, et la tendit à Lola.

– « D+D' = 2 », « 2//3 ». Voilà deux phrases mal formées. Ah, j'oubliais : D et D' sont des droites.

« D+D' = 2 », parce qu'on ne sait pas ce que signifie « la somme de deux droites », le signe + n'existant pas en géométrie.

« 2//3 », parce qu'on ne sait pas ce que

signifie « deux nombres parallèles », le signe // n'existant pas en arithmétique. Faisons à présent un inventaire des types de mots utilisés dans le langage mathématique. Des mots de la langue courante : des articles : *le*, *la*, *les*, *des*, *un*, *une* ; des adverbes : *dans* ; des conjonctions : *et*, *quel*, *tel que* ; des verbes, certains exprimant une demande : *construisez*, *trouvez*, *déterminez*, *vérifiez*, *tracez*… d'autres présentant des objets : *considérons*, *soit*… ; des mots spécifiques aux mathématiques, le plus souvent des noms d'objets, *médiane*, *médiatrice*, *diagonale*, *fonction*, *cylindre*, *sinus*, *cosinus*, etc. ; mais aussi des adjectifs : *isocèle*, *équilatéral*, *parallèle*, *paire*…

Des symboles spécifiques au langage mathématique qui permettent d'écrire de façon simplifiée des opérations, +, ×,…, des relations, =, //,…

Passons aux phrases : quels types de phrases rencontre-t-on en maths ? Des phrases qui énoncent une proposition, qui présentent des objets ou des situations, qui formulent des demandes. Lorsqu'un nouvel objet apparaît dans l'univers mathématique, on doit dresser son acte de naissance, c'est le rôle de la *définition* qui signe son entrée officielle dans l'univers mathématique. Dans la définition figurent le nom et les informations qui permettent de caractériser l'objet. Les définitions commencent invariablement par…

Lola le coupa :

– *Le professeur change de ton, il prend une voix pompeuse et lance : « Définition. On appelle machin… »*

– C'est normal, la définition est un acte fondamental. C'est un moment important dans l'histoire des mathématiques. À la différence de la définition des mots en français, les définitions mathématiques ne sont pas uniquement descriptives, elles sont directement opératoires, c'est-à-dire qu'on ne peut faire des maths que si on connaît les définitions exactes au mot près, en faisant travailler chacun des mots figurant dans la définition. Voilà pourquoi on doit connaître chaque définition au mot près. Un seul mot oublié et …

– … c'est totalement faux, pas un peu. C'est cela que je ne supporte pas.

– C'est pourtant l'une des choses les plus importantes que les maths peuvent t'apporter, la précision, c'est l'une des qualités des mathématiques qui peut vraiment te servir « dans la vie », comme tu dis. La précision, ce n'est pas la maniaquerie. Quand les mathématiciens découvrent de nouvelles idées, de nouveaux concepts, de nouveaux objets, il arrive souvent qu'ils leur donnent un nom, pour pouvoir en parler et les utiliser, sans pour autant en donner une définition rigoureuse. Par exemple, la droite, le cercle, etc., ont longtemps « fonctionné » avant qu'Euclide n'en donne une définition. Il en est de même aujourd'hui.

– Pourquoi passe-t-on son temps à écrire égal ?

– Imagines-tu des maths sans le signe égal ? C'est le signe le plus important des mathématiques. Quand j'écris $2 = 1+1$, qu'est-ce que je dis ? Je dis que le nombre 2 et le nombre $(1+1)$ sont LE MÊME nombre, qu'ils sont deux noms différents du même nombre, voilà pourquoi je les égale. Mieux, j'égale tous les noms possibles de 2 :

$$(1+1) = (5-3) = (\frac{10}{5}) = (2\times1) = \ldots$$

– *À quoi cela t'avance ?*

– Si, pour une raison ou pour une autre, j'ai besoin que 2 se présente comme une somme, je le présente comme étant (1+1). Si j'ai envie qu'il apparaisse comme une différence, je le présente comme (5-3), etc. Ainsi, suivant les besoins, j'utilise l'une de ses innombrables identités.

Quand j'écris $a = b$, j'annonce que a et b sont interchangeables, là où se trouve a je peux le remplacer par b. Et réciproquement.

Le contraire d'égal, c'est *différent*, noté par un égal barré, « $\neq$ ». Différent signifie « pas les mêmes » et uniquement cela. C'est pourquoi il ne faut surtout pas confondre différent avec supérieur ou inférieur, « $<$ » ou « $>$ ».

– *Égal a toujours existé ?*

– L'idée d'égalité oui, mais pas le signe. En 1557, un médecin anglais, Robert Recorde, a eu l'idée de tracer le petit signe que tu connais : =. Quand on lui a demandé les raisons de ce choix, il a répondu : « J'ai choisi une paire de parallèles ou de lignes jumelles parce que rien n'est plus pareil que deux jumeaux. »

– *Et comment faisait-on avant ?*

– On écrivait égal en toutes lettres, *aequali*, en latin. On écrivait tous les mots de maths en toutes lettres, il n'y avait aucun symbole. Une écriture littérale, infiniment plus compliquée, plus longue, et très peu pratique.

– *Alors, les textes mathématiques ressemblaient aux autres textes ?*

– Absolument.

– *Et + et – ?*

– C'est une histoire de caisses.

– *De caisses ?*

– Vers les années 1500, en Allemagne, certaines marchandises étaient vendues dans des caisses en bois. Pleines, elles devaient peser 4 *centner* (à peu près 50 kg). Si l'une d'elles avait un déficit de poids, par exemple 5 livres, on inscrivait sur la caisse 4c–5l. Si elle présentait un excès de poids, disons 3 livres, on barrait le trait et on écrivait sur la caisse 4c + 5l. Les signes passèrent des caisses en bois aux feuilles de papier et du commerce à l'algèbre.

Les Égyptiens, eux, utilisaient deux hiéroglyphes :

addition

soustraction

Sur ces dessins, on peut voir :

Additionner : les deux jambes marchent dans le sens de l'écriture.

Soustraire : elles marchent en sens inverse du sens de l'écriture.

– *Plus, c'est un moins barré ; différent, c'est un égal barré.*

– Tout juste. En maths, il y a des tas de façons différentes de dire « différent », en précisant en quoi deux éléments ne sont pas les mêmes. Lorsqu'il s'agit de nombres, on fait la *différence* (*a-b*). Si elle n'est pas nulle, les deux nombres ne sont pas les mêmes. Il existe une autre façon, à laquelle on ne pense pas assez : le quotient.

On fait le quotient $\frac{a}{b}$. Si $\frac{a}{b} \neq 1$, les nombres sont différents.

– *Et les autres signes ? La croix du multiplié ?*

– C'est un Anglais, Oughtred, qui l'a inventée dans les années 1600.

– *Et plus grand et plus petit ?*

– Un autre Anglais, Thomas Harriot, un peu avant.

– *Pourquoi l'un est ouvert vers la droite et l'autre vers la gauche ?*

– Aucune idée. Si, si, se reprit-il, je crois qu'il est ouvert du côté du plus grand nombre.

– *Et les racines ?*

– C'est un Allemand qui a inventé le signe. On prétend que √ est la transformation du R de *Radix*, « racine » en latin.

– *Oui, mais pourquoi racine ?*

– Qu'est-ce que c'est que $\sqrt{2}$? C'est le nombre dont le carré vaut 2 : $(\sqrt{2})^2$. On dit aussi qu'on « élève » au carré. Ainsi en élevant $(\sqrt{2})$ au carré, on obtient 2. On a en tête l'image de la *racine* d'une plante enfouie en dessous, dans le sol, qui, lorsqu'elle s'élève, génère la plante.

– *Jolie explication. Une question que je me suis souvent posée : y a-t-il toujours eu des nombres ?*

À brûle-pourpoint :

– *Y a-t-il toujours eu des nombres ?*

LES NOMBRES

– Les nombres ont été inventés dans les premiers temps de l'Humanité pour répondre à la question « Combien ? ». Combien d'enfants dans la tribu ? de moutons dans le troupeau ? d'étoiles dans le ciel ? de jours avant que revienne la pleine lune ? Les nombres sont l'une des plus grandes inventions de l'humanité ; grâce à eux, on peut dénombrer, mesurer, calculer.

De la même façon que les hommes ont appris à conserver le feu, ils ont appris à conserver les nombres. Afin de se souvenir d'une quantité, ils en gardaient trace en faisant des marques sur des os, sur des pierres, et aussi en utilisant des objets, cailloux, *calcu-*

lus, coquillages, nœuds de corde. Puis, ils se mirent à inscrire des signes sur des supports, argile, bois, papyrus. Ainsi naquit l'écriture.

Après avoir représenté les nombres, les hommes ont commencé à calculer, à faire des opérations, l'addition d'abord, puis la multiplication. Compter, ranger, énumérer, ordonner.

Ray tendit le bras, ouvrit la main.

– La main a été la première machine à calculer de l'histoire ; les hommes s'en sont servi durant des milliers d'années.

Les premiers nombres furent les *entiers*, qui permettaient de dénombrer et de calculer. Puis les *fractions*. Puis le zéro, puis les nombres négatifs, je les cite dans l'ordre où ils sont apparus dans l'Histoire.

– *Chiffres, nombres, je mélange tout le temps.*

– Est-ce que tu dis un « chiffre de trois nombres » ou « un nombre de trois chiffres » ?

– *Un nombre de trois chiffres ! C'est astucieux*, admit Lola.

– Les nombres sont composés de chiffres, comme les mots sont composés de lettres !

– Les chiffres sont l'alphabet des nombres, c'est ça que tu veux que je dise.

– Tout juste. Et notre numération est décimale.

– Parce que nous utilisons dix chiffres. Mais les chiffres sont des nombres aussi. 1, 2, 3…

– Tout juste.

– Et pas l'inverse.

– Tout juste. 10, par exemple…

– …n'est pas un chiffre.

– C'est le plus petit nombre qui ne soit pas un chiffre. 5 est à la fois un chiffre dans 555 et un nombre dans « 5 doigts. » En tant que chiffre, il est un signe d'écriture, en tant que nombre il représente une quantité. À l'encontre de ce que l'on croit bien souvent, les chiffres ont été inventés après, bien après, les nombres. Alors que les nombres servent à dire la quantité, à dire la mesure, les chiffres servent à écrire les nombres.

Le problème avec les nombres, c'est qu'il y en a beaucoup. C'est même leur qualité principale et s'il y a une chose dont on ne veut pas manquer, c'est bien de nombres.

– *Puisqu'il y a une infinité de nombres, comment peut-on tous les nommer ?*

– Tout le monde sent bien que les entiers ne s'arrêtent pas, qu'on peut toujours aller plus loin. Il n'y a pas de plus grand entier. S'il y en avait un, disons A, A étant un entier, A+1 l'est également. Or A+1 est plus grand que A, ce qui contredit le fait que A est le plus grand. Ce type de démonstration est *une démonstration par l'absurde.* Il n'y a donc pas de plus grand entier et cela implique qu'ils sont en quantité infinie. Toutes les civilisations ont été confrontées à la question que tu poses. Supposons que l'on attribue les noms sans méthode, au petit bonheur la chance, bien vite on ne parviendra plus à savoir quel nom nomme quel nombre ? Ce serait le grand désordre. C'est pourquoi on a conçu des procédés systématiques pour attribuer les noms de façon à ce qu'ils donnent des informations sur les nombres qu'ils nomment. Comment s'y prendre ? D'abord choisir les chiffres, c'est-à-dire certains nombres « élus » ayant pour charge de représenter les autres nombres. Puis, élaborer des façons de combiner ces chiffres pour écrire les nombres. C'est ce qu'on appelle une *numération*. Certaines astucieuses, d'autres pataudes, peu maniables. Les Romains étaient franchement mauvais dans ce domaine, plus les nombres qu'ils voulaient représenter étaient grands, plus ils devaient créer de nouveaux chiffres ! X (10), L (50), C (100), D (500), M (1 000) et encore et encore. Il leur fallait sans cesse créer des chiffres. Tu imagines bien que s'il y a des dizaines et des dizaines de chiffres, le système devient impraticable. Pour qu'il fonctionne, il faut que la quantité de chiffres soit donnée une fois pour toutes, et qu'elle soit petite.

Les Grecs, les Hébreux utilisaient des numérations qui n'étaient pas géniales, les Mésopotamiens, les Mayas, par contre, disposaient d'une numération très efficace. Les seconds utilisaient une numération en base 20, les premiers n'utilisaient que deux chiffres, 1 et 60.

– *Comme le binaire.*

– Non. Le binaire utilise nécessairement 0. Uniquement deux chiffres, 0 et 1.

– *Tu n'as toujours pas répondu à ma question.*

– Je te réponds : le seul système capable de nommer tous les nombres, aussi grands soient-ils, est le système que nous utilisons aujourd'hui, et que le monde entier utilise, la *numération de position avec un zéro.* Un groupe de chiffres donné *a priori*, et un principe, le principe de position qui énonce que : la valeur d'un chiffre, outre sa valeur particulière, dépend de la position dans laquelle il se trouve dans l'écriture d'un nombre. Dans 1717, le premier 1 vaut mille, le deuxième dix, le premier 7 vaut sept cents, le deuxième vaut sept. La valeur qui dépend de la position, c'est une idée vraiment géniale.

– *La valeur change suivant l'endroit où l'on se trouve. N'est-ce pas un peu ce qui se passe dans la vie ?*

– Oui, tu as tout à fait raison. Bien souvent, la valeur que l'on nous accorde dépend de la place que l'on occupe dans la société, et c'est parfois très injuste. Mais pour les numérations cette méthode est la meilleure que l'on puisse imaginer, elle réalise le rêve de toutes les civilisations : avec une poignée de chiffres, autant que de doigts des deux mains, on peut nommer TOUS LES NOMBRES DU MONDE ! Quel que soit le nombre que l'on présente, elle lui attribue un nom et un seul. Mieux, toute suite de chiffres représente un nombre et un seul. Sans aucune ambiguïté. Et, en plus, la taille du nombre est visible dans son nom : plus le nom est long plus le nombre est grand. On ne peut pas faire mieux !

– *Depuis quand 0 existe-t-il ?*

– Vers le Ve siècle avant notre ère, les Babyloniens ont inventé un signe pour marquer la place vide. Quand on veut exprimer le nombre cent un dans une numération de position, disons en décimal, on décompose en unités, dizaines, centaines, … Donc pour cent un : 1 centaine, 1 unité, que j'écris 11. Mais 11, c'est une dizaine une unité, c'est-à-dire onze. D'où vient la confusion ? Du fait que l'on n'as pas tenu compte de l'absence de dizaines.

– *Tenir compte de l'absence !*

– Il faudrait dire cent un, c'est 1 centaine, pas de dizaine, 1 unité. Mais comment signifier l'absence de dizaines ? Par un nouveau signe, 0, qui signifie « place vide ». Ce signe permettant d'écrire les nombres est donc un chiffre, qui vient s'ajouter aux neuf autres. Cent un s'exprimera alors sans ambiguïté 101.

Il y a une deuxième signification de 0. Quand on ôte une quantité d'elle-même, par exemple 5-5. Comment signifier que si j'ôte 5 de 5, il ne reste rien ?

Il ne s'agit plus là d'une écriture comme c'est le cas pour indiquer la place vide, mais de signifier une quantité, la *quantité nulle.* 0 étant, cette fois, un nombre. Place vide, quantité nulle, les deux visages du zéro.

– J'ai toujours l'impression qu'on frise la catastrophe quand on utilise 0. Comme s'il allait nous exploser à la figure.

– Par exemple ?

– On peut diviser par n'importe quoi mais jamais par 0.

– Il y a des raisons ou est-ce une décision arbitraire de ton professeur ?

– Disons qu'il y a des raisons.

– Que tu voudrais connaître ?

– Que je meurs d'impatience de connaître.

– Dans la multiplication, 0 l'emporte sur tout autre nombre : $0 \times n = 0 \times m = 0$. On a pu dire que c'était un élément *annihilant*. Par contre, dans l'addition, il n'a aucun effet : $n + 0 = n$, 0 est un *élément neutre pour l'addition*.

Et la division par 0 ? Supposons que l'on puisse diviser par 0 et apprécions les conséquences de cette hypothèse. Soit a un nombre quelconque, quelconque j'insiste, divisons-le par 0. L'opération étant autorisée, le résultat est un nombre, disons b. On a donc $\frac{a}{0} = b$. Le produit des moyens étant égal au produit des extrêmes, tu te souviens, bien sûr : $a = 0 \times b$. Or $0 \times b = 0$, donc $a = 0$, a étant un nombre quelconque. Qu'avons-nous démontré ? Que si la division par 0 était autorisée, tous les nombres seraient nuls !

– *Ce serait gênant*, admit Lola. *Il n'y aurait qu'un seul nombre et ce serait zéro ! Quoique cela aurait au moins un avantage : tout le monde aurait la même note ! Et l'on serait tous nuls en maths.*

– N'est-ce pas ce que l'on appelle le nivellement par le bas ? Je suppose que tu n'apprécies pas les interdictions. L'interdit absolu en arithmétique est la division par 0. Cela entraîne quelques précautions. Confronté à un quotient $\frac{P}{Q}$, réflexe, s'empresser d'écrire « $Q \neq 0$ », pour se prémunir contre les « catastrophes » qui ne manqueraient pas d'advenir si Q était nul.

– *Et le système binaire, en quoi est-il si différent du système décimal ?*

– Ils sont au contraire tout à fait semblables. Tous les deux sont des numérations de position avec un zéro, la seule différence tient au nombre de chiffres, dix pour le système décimal, deux pour le binaire.

Avantage du binaire : il utilise peu de chiffres ; inconvénients : les noms des nombres sont beaucoup plus longs. Le nombre 99 en décimal s'écrit 1100011 en binaire. La différence de longueur des deux écritures est manifeste.

– *Pourquoi le binaire est-il si important ?*

– Au XVIIe siècle, le grand mathématicien et philosophe Leibniz s'était mobilisé pour le faire adopter par ses collègues, mais cela n'a pas marché et le binaire a été oublié. Jusqu'à l'arrivée des ordinateurs ; il fut alors immédiatement perçu comme le langage le plus adapté pour communiquer avec les machines. Notre langage écrit est composé de mots et de nombres, vingt-six lettres et dix chiffres, soit trente-six signes, plus l'espace et les signes de ponctuation. Pour communiquer avec une machine, l'information sera transmise par un courant électrique. Or le courant admet deux états seulement ; le courant passe, le courant ne passe pas. On a choisi d'utiliser les chiffres 1 et 0. Passage du courant : 1, arrêt : 0. Puis, on code les 36 signes par des suites de 1 et de 0. Voilà où intervient le système binaire.

Ray chercha dans ses papiers, en sortit une feuille toute froissée et se mit à lire :

– A s'écrit 01000001. B, 01000010,… jusqu'à Z. Même chose pour les dix chiffres. Voilà pourquoi le système binaire, avec ses deux chiffres, suffit à traduire n'importe quelle phrase de n'importe quelle langue, comportant mots et nombres. L'information est transportée par voie électronique, extrêmement rapide.

Quand tu tapes sur la touche A de ton ordinateur, tu déclenches des impulsions électriques d'intensités différentes, les faibles correspondent à 0, les fortes à 1.

Donc pour la lettre A, 01000001, une faible, une forte, cinq faibles, une forte. Cette suite d'impulsions va permettre de sélectionner dans un catalogue stocké dans la mémoire de l'ordinateur une autre suite de 0 et de 1, celle qui correspond aux points allumés ou éteints sur l'écran, qui finalement dessineront la lettre A. C'est comme cela que le binaire constitue le langage des ordinateurs et qu'il permet de représenter des sons, des textes, des images qui seront gravés sur les CD, les DVD, etc. On entre ainsi dans le monde du « numérique » où les informations sont transmises par des procédés qui utilisent des nombres.

Poursuivons l'inventaire des nombres. Après les entiers, les fractions, du latin *fractus*, « brisé ». Une fraction est un « nombre brisé ».

– *Parce qu'il n'est pas «entier»?*

– Exactement. Une fraction est composée de deux entiers et d'une *barre*. Par exemple, $\frac{7}{5}$. Au-dessous de la barre «celui qui nomme», le *dénominateur*, ici, il s'agit de cinquièmes, cinquième partie de l'unité. Au-dessus, le *numérateur*, «celui qui nombre»: ici, 7. La fraction nous dit qu'il y a sept cinquièmes.

L'une des propriétés que l'on rencontre dès que l'on aborde les fractions est une conséquence immédiate de l'égalité de deux fractions. Si $\frac{a}{b} = \frac{c}{d}$, alors $a \times d = b \times c$. Une égalité entre deux fractions fournit une égalité entre deux entiers, résumée par la célèbre formule: le produit des extrêmes est égal au produit des moyens. Connue aussi comme le «produit en croix».

– *Pour les entiers, l'addition est simple et la multiplication compliquée. Pour les fractions, c'est tout le contraire, pourquoi?*

– Réduction au même dénominateur! Le dénominateur étant celui qui nomme, il faut que les fractions nomment les mêmes choses, sinon on ne peut pas les ajouter sans précautions. $\frac{12}{7}+\frac{19}{11}$, on aimerait bien que ce soit : somme des numérateurs, somme des dénominateurs, $\frac{12+19}{7+11}$, cela nous simplifierait la vie. Mais, voilà, c'est faux ! Parce que suivant le grand principe « on n'additionne pas des torchons avec des serviettes », additionner des septièmes à des onzièmes n'a aucun sens. Qu'est-ce qu'on additionne alors ? des septièmes à des septièmes, des onzièmes à des onzièmes. Autant dire des fractions ayant le même dénominateur. Comment faire pour que deux fractions n'ayant pas le même dénominateur aient malgré tout le même dénominateur ? En les réduisant au même dénominateur : 7×11, alors seulement on peut additionner les numérateurs.

$$\frac{12\times 11}{7\times 11}+\frac{19\times 7}{7\times 11}=\frac{132}{77}+\frac{133}{77}=\frac{265}{77}$$

Et la multiplication ? Ça va tout seul : multiplication des numérateurs, multiplication des dénominateurs. $\frac{12}{7} \times \frac{19}{11} = \frac{12 \times 19}{7 \times 11}$.

Pour t'en souvenir, la moitié de la moitié, c'est $\frac{1}{2} \times \frac{1}{2}$, c'est $\frac{1}{4} = \frac{1 \times 1}{2 \times 2}$, produit des numérateurs, produit des dénominateurs. Tu as raison de dire que l'addition des fractions est plus compliquée que la multiplication.

– *Entre deux fractions, il n'est pas facile de savoir laquelle est la plus grande.*

– En présence de deux entiers, on voit du premier coup d'œil lequel est le plus grand. Ce n'est pas le cas pour les fractions. $\frac{12}{7}$ et $\frac{19}{11}$, par exemple, on est bien en peine de dire quel est le plus grand. Il faut faire un calcul. Réduction au même dénominateur : $\frac{12 \times 11}{7 \times 11}$ et $\frac{19 \times 7}{11 \times 7}$. On n'a plus qu'à comparer les numérateurs, 132 pour la première, 133 pour la seconde. $\frac{19}{11}$ est plus grand que $\frac{12}{7}$, ce n'était absolument pas visible *a priori*.

Une des premières décisions que les mathématiciens grecs ont prise a été de trier les nombres entiers en les séparant en deux groupes : ceux qui sont divisibles par 2, les doubles, les *pairs* ; ceux qui ne le sont pas, les « pas pairs », les *impairs*. Cela n'a l'air de rien, mais cette simple distinction, que nul avant eux n'avait opérée, leur a permis de « faire des maths » : établir des résultats généraux concernant des familles infinies d'objets. Disposant de ces deux familles de nombres, P, les pairs et I, les impairs, ils sont partis à la recherche de résultats concernant non pas quelques nombres mais TOUS les pairs, TOUS les impairs. Une des questions qu'ils se sont posée : comment se comporte la parité dans les principales opérations ? Se conserve-t-elle ? Si j'ajoute deux pairs, est-ce que la somme est toujours paire ? L'addition conserve-t-elle la parité ?

Prenons un exemple : $2+4=6$, la somme est paire. Mais cela ne constitue pas une preuve parce que rien ne certifie qu'en choisissant deux autres pairs, leur somme sera à nouveau paire. Pour pouvoir en décider, ils ne pouvaient pas faire autrement que de construire une démonstration. Tu m'avais dit que tu n'avais jamais compris ce qu'était une dé-mons-tra-tion. Au diable l'avarice ! On va en faire une autre !

Tout d'abord, en partant de la définition, il faut élaborer une formulation générale de ce que c'est qu'un nombre pair. Un nombre pair est un double, donc égal à « 2 fois un entier », que j'écris $2n$, n étant un entier quelconque. Cette formulation permet de produire tous les pairs, en donnant toutes les valeurs possibles à n. Et ne produire qu'eux. Voilà une écriture opératoire qui va permettre d'avancer dans la démonstration. Somme de deux pairs : $2n+2n'$. J'écris n et n' parce que si j'utilisais le même n, cela signifierait que les deux pairs doivent être égaux, cela romprait la généralité de la propriété que je veux établir. $2n+2n'$, à ce stade je ne peux rien conclure. Il me faut transformer cette écriture en une écriture qui me « parle » : « 2 fois un entier ». Mise en facteur : $2n+2n' = 2(n+n')$. n et n' étant deux entiers, leur somme est un entier, n''. Je peux donc écrire : $2n+2n' = 2(n+n') = 2n''$, qui est bien « la forme » d'un pair. Je viens de démontrer que la somme de deux pairs est un pair.

Et les impairs ? Il faudrait que j'élabore une façon de les écrire semblable à celle que j'ai élaborée pour les pairs. Par exemple, j'obtiens un impair en ajoutant 1 à un pair, donc $(2n+1)$. En avant pour la démonstration !

$(2n+1)+(2n'+1) = 2n+2n'+2 = 2(n+n'+1)$, mais si n et n' sont des entiers $n+n'+1$ est encore un entier, disons n''. Reprenons la suite d'égalités, $(2n+1)+(2n'+1) = 2n+2n'+2 = 2(n+n'+1) = 2n''$, c'est-à-dire un pair. Je peux annoncer : la somme de deux impairs est un pair. La parité n'est pas conservée. Mais le résultat n'en est pas moins utile, savoir que la somme de deux impairs est (toujours) paire, constitue un résultat, aussi utile que si elle avait été égale à un impair. Par contre, si on n'avait rien pu dire *en général* de la somme de deux impairs, là, on serait devant une situation moins intéressante.

Voyons ce qui se passe pour la multiplication. Multiplions deux pairs $2n \times 2n' = 4n \times n'$. Pour transformer cette écriture en une écriture qui me « parle », il faudrait faire apparaître 2 comme facteur d'une expression. Essayons : $4n \times n' = 2(2n \times n') = 2n''$, c'est-à-dire un pair.

Pour les impairs : $(2n+1) \times (2n'+1) = 4nn' + 2n + 2n' + 1 = 2(2n \times n' + n + n') + 1 = 2n'' + 1$, c'est-à-dire un impair. Pair×pair = pair, impair×impair = impair. J'en conclus que la multiplication conserve la parité. C'est cela faire des mathématiques : établir des résultats concernant des familles d'objets définis par des propriétés générales.

– *Pourquoi multiplie-t-on alors que l'on pourrait faire des additions ?*

– On multiplie justement pour ne pas faire des additions.

J'écris : 2+2+2+2+2 (9 signes), en utilisant la multiplication : 5×2 (3 signes). Je « gagne » six signes.

– *Et les puissances ? Quand sont-elles apparues ?*

– De la même façon que la multiplication

est une suite d'additions, l'élévation à une puissance est une suite de multiplications. J'écris 5×5×5 (5 signes), en utilisant les puissances, j'écris : 5^3 (2 signes). J'ai gagné 3 signes.

Dans les opérations sur les nombres, il y a trois échelons, addition, multiplication, puissance. Une multiplication est une suite d'additions, une puissance est une suite de multiplications.

En théorie, donc, on pourrait faire tous les calculs avec des additions uniquement. Par exemple, $5^3 = 5\times5\times5 = (5+5+5+5+5)+(5+5+5+5+5)+(5+5+5+5+5)+(5+5+5+5+5)+(5+5+5+5+5)$. 49 signes, sans compter les parenthèses !! C'est d'ailleurs comme cela qu'opèrent les ordinateurs, à coups d'additions : beaucoup, beaucoup d'additions, mais chacune effectuée dans un temps infime.

– *Y a-t-il un lien entre le carré et élever au carré ?*

– Les mathématiciens grecs avaient tissé des liens forts entre les nombres et les formes géométriques. Pour eux, le carré, la figure, de côté 5 ayant pour surface 5×5, était lié au nombre « le carré de 5 », *5 au carré*. 5^2. Semblablement pour le cube de côté 5, dont le volume est le nombre « le cube de 5 », 5 au cube, 5^3.

De la même façon que l'on a établi des règles de calcul pour les fractions, on établit des règles de calcul pour les puissances. Ces règles ne sont pas arbitraires, elles découlent directement de la définition d'une puissance.

Là encore, la multiplication est plus simple que l'addition.

2^3+2^5 = pas de simplification. Et surtout cela ne fait pas 2^{3+5} !

Par contre, $2^3\times 2^5 = (2\times 2\times 2)\times(2\times 2\times 2\times 2\times 2)$. J'enlève les parenthèses, j'en ai le droit, c'est une propriété de la multiplication des entiers : $2^3\times 2^5 = 2\times 2\times 2\times 2\times 2\times 2\times 2\times 2 = 2^8 = 2^{3+5}$

Cette règle est capitale, c'est la plus importante concernant les puissances. Examinons-la. À gauche un produit de puissances, à droite, la somme des exposants : $a^n\times a^m = a^{n+m}$

Ce passage de la somme au produit et réciproquement est caractéristique des puissances. Cela confère aux puissances une grande partie de leur intérêt : si je veux multiplier deux puissances du même nombre, je n'ai qu'à additionner leurs exposants, c'est-à-dire je remplace une multiplication par une addition !

– Pourquoi la multiplication est-elle plus facile que la division ?

– Parce que la division n'est pas définie directement, comme la multiplication ou l'addition. Elle est définie à partir de la multiplication, elle est *l'opération inverse* de la multiplication. Lorsque l'on se lance dans une division, il faut avoir en tête la multiplication. Qu'est-ce que $\frac{A}{B}$? C'est le nombre C, le *quotient*, qui est tel que $B \times C = A$. Faire une division, c'est trouver le nombre C qui « marche », celui qui multipliant B donne A.

– Pourquoi la division, qui est plus difficile, est plus importante que la multiplication ?

– Avant de parler de la division, on va parler du partage. *Partager* un nombre A en deux parties consiste à trouver deux nombres dont la somme est égale à A.

Partage d'un ensemble de six éléments en

deux parties. Partages possibles : (1,5), (2, 4), (3,3), (6,0). Des quatre partages, un seul est « égalitaire » : (3,3), celui que l'on obtient en divisant par 2. La division est LE seul partage égalitaire. C'est là sa grande vertu. Les deux moitiés sont égales, les trois tiers égaux, etc.

On a une mauvaise opinion de la division, parce que c'est une opération difficile à effectuer, mais des quatre opérations, c'est sans doute celle qui fournit le plus de résultats importants. Les diviseurs fournissent des informations sur le nombre qu'ils divisent bien plus que les multiples n'informent sur le nombre dont ils sont les multiples.

Chaque nombre admet une infinité de multiples, alors qu'il n'admet qu'un nombre fini de diviseurs ; ces derniers étant forcément plus petits que lui.

– *Cela a-t-il à voir avec les nombres premiers ? Les nombres premiers ont-ils une si grande importance ?*

– Oh oui ! On vient de voir la distinction opérée par les Grecs entre les nombres divisibles par 2 et les autres. Une autre distinction importante a été opérée entre les nombres qui sont divisibles par certains nombres, et ceux qui ne le sont pas. Considérons 6 et 7, le premier est divisible par 2 et 3, le second n'est pas divisible du tout. Comme 2, 3, 5, 11, 13, 17, 19, ... que l'on qualifie de *premiers* parce qu'on ne peut les obtenir en multipliant d'autres nombres. Un nombre premier, aucun nombre n'est son diviseur, et il n'est le multiple d'aucun nombre.

Les mathématiciens en raffolent à cause d'un résultat extrêmement important : chaque entier peut être obtenu par le produit de nombres premiers. Si je dispose des seuls nombres premiers, je peux obtenir tous les nombres entiers !

Toujours la même idée : existe-t-il certains éléments d'une famille qui permettent de construire la famille entière ? Comme les triangles qui permettent de construire tous les polygones.

Les nombres premiers sont les « briques » avec lesquelles on construit tous les nombres par multiplication. Chaque entier est un produit de nombres premiers. Inversement, tout entier est *décomposable en facteurs premiers*. Mieux, cette décomposition ne peut se faire que d'une seule façon, elle est unique. En maths, on adore le mot unique. Si un type d'objet est unique, si une action est unique, on peut dire LE, LA. On parlera ainsi de la décomposition en facteurs premiers d'un nombre.

Pour savoir si un entier est premier, il y a toujours un moyen : vérifier qu'aucun nombre plus petit que lui ne le divise. Méthode lourde, mais qui donne toujours un résultat. Voilà la définition : un nombre premier est un nombre qui n'est divisible que par 1 et par lui-même.

– *Cette définition m'a toujours gênée. Divisible par 1, cela me gêne ; même chose pour divisible par lui-même ? Ce qui est intéressant dans 6, c'est qu'il est divisible par 2 et par 3, pas par 1 ou par 6.*

– Mais est-il divisible par 1 ?

– *Quel intérêt ?*

– Je te demande si oui ou non il est divisible par 1.

– *Oui.*

– Avançons doucement. B et C sont diviseurs de A si A = B×C.

Puisque 6 = 2×3, 2 et 3 sont diviseurs de 6. Mais 6 = 6×1, donc suivant la définition 6 et 1 sont des diviseurs de 6. Quel que soit un nombre n, $n = n×1$, donc n est divisible par 1 et par lui-même. Voilà pourquoi on définit un nombre premier comme n'ayant aucun diviseur autre que 1 et lui-même. C'est un bon exemple de la façon dont les maths fonctionnent en prenant les définitions « à la lettre ». Si l'on n'avait pas précisé : diviseur autre que 1 et que lui-même, la définition serait fausse.

– Il y a des tas de situations où on utilise 60, pour les heures, les minutes, les secondes. 24 heures pour le jour, et les douzaines.

– Oui, il y a eu un combat d'influence entre le 10 et le 12. La supériorité du 12 sur le 10 tient à sa grande divisibilité, il est plus divisible que le 10.

Une douzaine d'œufs, tu dois les répartir égalitairement entre les convives assis autour de la table. S'il y a deux convives, 6 œufs chacun ; s'il y en a trois, 4 œufs chacun ; s'il y en quatre, 3 œufs chacun ; s'il y en a six, 2 œufs chacun. Quatre situations favorables.

Suppose maintenant que tu disposes d'une dizaine d'œufs. Deux situations favorables : 2 convives, 5 œufs chacun ; 5 convives, 2 œufs chacun. Dit autrement le douze admet six diviseurs, 1, 2, 3, 4, 6, 12, tandis que le dix n'en a que quatre : 1, 2, 5, 10.

Comparons cent et soixante. Cent admet neuf diviseurs, alors que soixante en admet douze 1, 2, 3, 4, 5, 6, 10, 12 15, 20, 30, 60. Remarque que 60 est divisible par les six premiers nombres, un exploit. Soixante qui est plus petit que cent – presque sa moitié – a plus de diviseurs que cent. Soixante, c'est l'as de la division.

Quand on se déplace sur un cercle, on préfère le 60 au 100. Le temps est mesuré en heures de 60 minutes. Une heure peut être divisée en deux demi-heures de 30 minutes, trois tiers de 20, quatre quarts de 15 minutes, cinq cinquièmes de 12 minutes, et en six sixièmes de 10 !

– Il y a des nombres avec virgules et des nombres sans, quelle est la différence ?

– Tu te souviens que l'on disposait de deux types de nombres, les entiers et les fractions. Comme tu le sais, on peut toujours écrire un entier sous forme de fraction, je dirais même sous forme de fractions au pluriel. 5 s'écrit $\frac{10}{2}, \frac{15}{3},$ etc., toutes les fractions dont le numérateur est égal à 5 fois le dénominateur.

– *Et pas l'inverse ?*

– Certaines fractions peuvent s'écrire sous la forme d'un entier.

– *Quand le numérateur est un multiple du dénominateur, tu viens de le dire.*

– Dans les autres cas, on ne peut pas. $\frac{3}{2}$ ne sera jamais égal à un nombre entier. On a inventé une nouvelle écriture des nombres qui a l'avantage de faire disparaître la barre de fraction : le développement décimal des nombres. Plus de dénominateur, plus de numérateur, le nombre s'écrit sur une seule ligne. Une virgule, à sa gauche une suite de chiffres, la *partie entière*, à sa droite une autre suite de chiffres, *la partie décimale*. 155,31 par exemple. Cette écriture générale permet d'écrire tous les types de nombres. Les nombres décimaux sont ceux qui possèdent un nombre fini de décimales non nulles : $\frac{1}{8} = 0{,}125$. Par contre $\frac{1}{3} = 0{,}133...$ n'est pas un nombre décimal.

– *Comment s'y prendre pour traduire une fraction en nombre décimal ?*

– Le plus simplement du monde en divisant le numérateur par le dénominateur. $\frac{5}{4}$ s'écrit 1,25 alors que $\frac{10}{3}$ s'écrit 3, 333…, les petits points à droite indiquent que la suite de 3 ne s'arrête pas. Quant à 2, il s'écrit 2,0. Ce sont les mathématiciens arabes qui ont défini les nombres décimaux. 1325,2457, qu'est-ce que ce nombre signifie ? La partie entière décomposée donne $1 \times 1000 + 3 \times 100 + 2 \times 10 + 5 \times 1$ à quoi s'ajoute la partie décimale, $\frac{2}{10} + \frac{4}{100} + \frac{5}{1000} + \frac{7}{10\,000}$ le premier chiffre après la virgule est la première décimale, et ainsi de suite.

En un mot, on procède après la virgule avec les dixièmes, centièmes, comme avant la virgule avec les dizaines, centaines…

– *Y a-t-il toujours eu des nombres négatifs ?*

– Oh non! Les nombres négatifs sont arrivés très tard. Ni les Mésopotamiens, ni les Égyptiens, ni les Chinois de l'Antiquité, ni même les mathématiciens grecs n'ont disposé des nombres négatifs.

– *Mais comment faisaient-ils sans les négatifs ?*

– D'une quantité a, ils ne pouvaient soustraire qu'une quantité b moindre, $b<a$. Ils disposaient d'une soustraction limitée. En Europe, on a eu beaucoup de mal à admettre ces « moins que rien ».

C'est parce que l'on se trouve devant l'impossibilité de résoudre un problème que l'on est contraint d'inventer des objets qui vont nous permettre d'y parvenir. Tant qu'il s'est agi de faire des dénombrements ou de mesurer des grandeurs physiques, les nombres positifs suffisaient.

Comment ôter 2 de 3 ? (3-2) est égal au nombre tel que si je l'ajoute à 2 j'obtiens 3. Ce nombre est 1. Là, j'ai soustrait le plus petit du plus grand. Mais comment parvenir à ôter le plus grand du plus petit ? Comment ôter 3 de 2 ? Longtemps cela fut impossible. Pour que cela fût possible, il fallait créer un nouveau nombre qui ajouté à 3 donne 2. Ce fut « -1 ». En effet 2-3 = -1, parce que 3+ (-1) = 2.

Sans la présence de 0, les nombres négatifs ne pouvaient être définis. Qu'est-ce que -1 ? Ce qu'il faut ajouter à +1 pour que la somme soit nulle : +1-1 = 0.

Ainsi, chaque entier *n* possède un « symétrique », le nombre négatif -*n*.

Les nombres négatifs ont été inventés tardivement, bien plus tard que les fractions. Les premiers à avoir conçu ces nouveaux nombres sont les Indiens, qui avaient déjà inventé le zéro. Au VIIe siècle, le mathématicien indien Brahmagupta avait exprimé les nombres positifs et les nombres négatifs en termes de biens et de dettes. Toute inscription de dettes et de biens ne pouvant s'effectuer que s'il existe une situation d'équilibre, *le néant*, dans laquelle les biens épurent les dettes. Un bien retranché du néant est une dette : $a>0$, $0-(+a)=-a$. Une dette retranchée du néant est un bien : $0-(-a)=+a$. Le produit et le quotient de deux biens ou de deux dettes, est un bien : a, $b>0$, $a\times b>0$, $(-a)\times(-b)>0$.

Le produit, et le quotient, d'un bien par une dette, est une dette.

$a\times(-b)<0$, $\frac{a}{(-b)}<0$. Si on efface une dette…

– *On fait un don ! Ah ! j'aime bien. C'est une autre vision des choses.*

– Est-ce que tu ne reconnais pas quelque chose ?

– *Ce ne serait pas la règle des signes ?*

– Parfaitement. Un millénaire après les mathématiciens indiens, les quantités négatives parvenaient difficilement à forcer la porte de l'empire des nombres en Occident. Au XVe siècle on les nommait encore *numeri absurdi*, nombres absurdes. Beaucoup de grands mathématiciens les ont rejetées. Pour obtenir réellement une quantité négative isolée, il faudrait ôter quelque chose de rien : opération impossible, a écrit Lazare Carnot, un grand mathématicien, en 1802.

Aujourd'hui ces nombres ne posent plus aucun problème, demande-le aux enfants. Pour eux, -2, c'est le deuxième sous-sol de la grande surface où est garée la voiture quand la famille va faire les courses le samedi.

– *Pourquoi identités remarquables et pas égalités remarquables ?*

– Parce que ce sont des égalités toujours vraies quelles que soient les valeurs données aux variables figurant dans l'expression. Au collège, au lycée, on vous demande d'apprendre par cœur non pas des égalités, mais uniquement des identités, parce que justement elles sont toujours vraies.

Ainsi $(a+b)^2 = a^2+2ab+b^2$ est vraie quelles que soient les valeurs attribuées à a et à b. Également $(a-b)^2 = a^2-2ab+b^2$. Également $(a-b)(a+b) = a^2-b^2$. Remarque, tous les termes sont de degré 2 : ce sont des produits de deux nombres : a^2, b^2, $2ab$ et $-2ab$. $a-b$ et a+b sont de degré 1, donc $(a-b)(a+b)$ est de degré 2.

La première identité $(a+b)^2$ est un produit : $(a+b)(a+b)$, que l'on transforme en une somme de trois facteurs. Traduisons :

le carré d'une somme est égal à la somme des carrés ajouté au double produit. Même chose pour $(a-b)^2$. La troisième identité est très intéressante, elle aussi transforme un produit en somme.

– *En différence !*

– D'accord, en différence. En plus, les deux termes de la différence sont des carrés. Et j'aime les carrés.

– *Parce qu'ils sont toujours positifs ?*

– Parfaitement. Ce qui fait que je dispose d'une information supplémentaire, il s'agit d'une différence de deux termes positifs a^2 et b^2. Il est toujours utile de connaître le signe d'une expression : si c'est un nombre donné, on connaît son signe, mais lorsqu'il s'agit d'une expression écrite avec des lettres (littérale), on ne le connaît pas. Il existe cependant deux expressions qui nous offrent une telle assurance, les carrés a^2 et les valeurs absolues $|a|$, toujours positifs. Quelle que soit la valeur de a.

Si l'on a affaire à une inégalité $A<B$, et que l'on veut multiplier les deux membres par un nombre a, qu'est-ce qui se passe ? Le

sens de l'inégalité est-il conservé, c'est la grande question. Si je ne sais rien du signe de a, je ne peux rien déduire concernant l'inégalité entre aA et aB. Par contre, je pourrais écrire $a^2\mathrm{A}<a^2\mathrm{B}$. Parce que, si on multiplie les deux termes d'une inégalité par un nombre positif, on ne change pas le sens de l'inégalité.

– *Et la distributivité ?*

C'est un jeu entre l'addition et la multiplication. Suivant ce que l'on a à faire, on peut préférer travailler avec des sommes ou avec des produits. La clef de leurs relations mutuelles est la *distributivité*, que l'on peut considérer comme un « transformateur » permettant de transformer une somme en un produit et inversement un produit en somme. Le produit d'une somme $(a+b)$ par une quantité c est égal à la somme des produits $a\times b$ et $b\times c$: $(a+b)\times c = a\times c + b\times c$. La distributivité a une action similaire à celles des identités remarquables, elle transforme des expressions en d'autres plus pratiques pour ce que l'on a à faire.

GÉOMÉTRIE

– Quels sont les êtres qui peuplent l'espace de la géométrie ?

– *Tout ce que l'on voit.*

– Le nombre 3, on le voit.

– *Tout ce qui a une forme.*

– Le nombre 3 a une forme.

– *3, on l'écrit, une droite, on la dessine.*

– Bravo ! Je n'avais jamais pensé à le formuler ainsi.

> Ray regarda Lola avec un brin d'admiration. Ses lueurs imprévisibles l'étonnaient toujours. Secrètement, il en était fier.

– D'abord, le point. On l'oublie généralement. Sûrement parce que « plus petit que le point, il n'y a point». Toutes les figures sont constituées de points, uniquement de points, qui sont en quelque sorte les atomes de la géométrie.

Après il y a les figures planes, les courbes, cercles, ellipses, les rectilignes, triangles, quadrilatères (carrés, rectanglcs, losanges, parallélogrammes, trapèzes) et tous les polygones. Puis les figures dans l'espace, les *solides*, avec, du côté du courbe, le célèbre trio, sphère, cylindre, cône, du côté du plane, les pyramides. Commençons par la figure qui nous semble la plus simple, la droite. Quelle est sa plus grande qualité ?

– *Elle va tout droit… ne fait pas de coude… ne dévie pas…*

– … ne change jamais de direction, maintient le cap, ne revient jamais sur ses pas.

– *C'est pour cela que l'on parle de la flèche du temps ?*

– Oui, le temps ne revient jamais sur lui-même. On n'a qu'une seule fois quinze ans ! Il faut en profiter. Beaucoup de phénomènes naturels sont liés à la droite. La plante, aspirée par le ciel, s'élève «tout droit» ; attirée par la Terre, la pierre tombe, elle aussi, « tout droit ». Et puis, la lumière se déplace en ligne droite.

Une droite est composée d'une infinité de points. Il faudrait donc connaître une infinité de points pour la définir ? Deux suffisent ! En effet, « Par deux points, il ne passe qu'une droite » est l'un des axiomes de la géométrie. Ainsi, deux points *définissent* une droite. Qu'est-ce que cela veut dire « définissent » ? Cela veut dire que la donnée de deux points suffit à identifier une droite. A et B étant deux points, on peut donc dire « LA droite AB ». Avec ces deux points, on obtient tous les autres, une infinité !

La plus grande gloire de la droite tient dans une propriété : elle est le plus court chemin entre deux points. Elle s'honore d'être la façon la plus… directe de joindre deux bouts, dans un plan, j'insiste.

– *Pourquoi dis-tu « j'insiste » ?*

– Parce que ce n'est pas vrai dans d'autres espaces géométriques, comme la surface d'une sphère, par exemple.

– *Préciser où ce qui est vrai, est vrai, c'est cela ?*

– Exactement. Les courbes, maintenant. Alors que la droite est sans déviation, la courbe change de direction sans faire d'angle. Rectiligne, rectitude, direct, direction, aligné, pour la droite. Arc, incurvé, infléchi, ondulé, cambré, rond, pour la courbe.

Prenons deux droites D et D'. Supposons qu'elles se coupent en deux points. Or on vient de voir que par deux points il ne passe qu'une seule droite. Donc, si deux droites se coupent en deux points – ou plus – elles sont confondues. Je peux donc affirmer si deux droites différentes se coupent, elles se coupent en un seul point. On obtient deux phrases qui se répondent : « deux droites définissent un point », « deux points définissent une droite ». On échange les mots *droite* et *point*, la propriété reste vraie ! Et si elles ne se coupent pas…

– *Elles sont parallèles.*

– Eh ! non, pas forcément ! Elles peuvent ne pas se couper et ne pas être parallèles pour autant. Elles peuvent, comment dire, s'ignorer, passer à côté en quelque sorte. Tu as sûrement aperçu dans le ciel des longues traces blanches toutes droites qui se coupent, des trajectoires d'avions ? On se dit qu'ils l'ont échappé belle. Aucun risque, les trajectoires n'étant pas dans le même plan, les avions ne peuvent entrer en collision.

Deux droites ne peuvent être parallèles que si elles sont dans un même plan, donc la phrase « Deux droites sont ou parallèles ou *sécantes* » n'est vraie que dans le plan. Dans l'espace, il existe une autre possibilité : deux droites peuvent être ni parallèles ni sécantes. Au passage, voilà un bel exemple de la nécessité de préciser dans quel univers on affirme quelque chose.

Donc D et D' étant deux droites du plan. Si elles ont :

- 0 point commun, elles sont *parallèles* ;
- 1 point commun, elles sont *sécantes* ;
- 2 points communs, elles sont confondues et l'on écrit D = D'.

Deux points définissent une droite. Oh, je viens de dire quelque chose de faux !

– Deux points M et M' ne définissent pas une droite ? Tu l'as dit tout à l'heure.

– Je n'ai pas dit deux points *distincts*.

– *Ils sont distincts, puisque tu en as pris deux.*

– J'en ai pris deux, certes, mais rien ne m'assure qu'ils ne sont pas le MÊME point.

– *Mais ils n'ont pas le même nom ! L'un s'appelle M, l'autre M'.*

– Oui, mais rien n'interdit que M et M' soient deux noms différents du même point.

– *Alors* ?

– Si je veux qu'ils soient différents, je le demande tout simplement. Je précise : deux points différents M et M' définissent une droite. Et trois points... différents ? Cela dépend de la situation du troisième. S'il est aligné avec les deux premiers, sa venue n'apporte rien de plus, il se trouve sur la droite déjà définie.

Si par contre il n'est pas aligné avec les deux premiers, sa venue change tout ! Les trois points définissent un triangle, et ils définissent un plan aussi. L'arrivée de ce point *non aligné* nous fait faire un saut formidable, elle fait passer d'une droite à un plan. Elle agrandit considérablement l'espace !

– *À propos, deux droites qui se coupent font combien d'angles ? Deux ? Quatre ?*

– Je t'avoue que moi aussi j'ai toujours trouvé que l'angle était un objet compliqué. Angle, du grec *ankon*, « coude », ou du latin *angulus*, « coin ». On a longtemps parlé d'« inclinaison », un angle était l'inclinaison d'une droite sur une autre. C'est parlant, mais ce n'est pas très précis ni très opératoire. Aujourd'hui, on dit : deux droites sécantes délimitent quatre espaces. Chacun d'eux est un angle.

Ces quatre angles ne sont pas tous différents, ceux opposés par le sommet sont égaux. Ils ont le même sommet et leurs côtés sont parallèles. Il y a donc deux couples d'angles égaux.

Il existe une situation particulière. Celle où les quatre angles sont égaux. C'est la définition de l'angle droit, il est celui qui réalise l'égalité des quatre angles. Là, on ne parle pas de leur mesure en *degrés* ou en *grades*, on se réfère à une situation géométrique particulière, l'égalité des quatre angles, pour définir d'une façon naturelle l'angle fondamental, l'angle droit, angle de référence. Les angles plus petits qu'un droit, les *aigus*, du latin *acutus*, « pointu », les *obtus* plus grands qu'un droit. Deux angles droits forment un angle plat, quatre droits, un tour complet. Puis on définit des unités de mesure d'angle. Le degré et le grade, le *radian*, et quelquefois même le tour.

– *Pourquoi des unités différentes pour les angles ?*

– Durant la Révolution française, on a défini un nouveau système de mesures, *le système métrique décimal*, avec ses unités, le mètre, le kilogramme, etc., qui se déclinent toutes sur le 10, multiples et sous-multiples vont de 10 en 10. Ce qui était tout à fait nouveau et beaucoup plus facile à utiliser que les systèmes précédents. Les mesures d'angles étant habituellement basées sur le 60, on décida de les décimaliser afin qu'elles s'intègrent au nouveau système. On inventa le *grade* basé sur le 10, défini de façon que l'angle droit, l'angle phare, vaille 100 grades.

– *Quelle différence entre orthogonal et perpendiculaire ?*

– Si tu penses aux adjectifs, aucune. Orthogonal vient du grec, *orthos-gonôs*, « angle droit » et perpendiculaire du latin *perpendiculum*, « fil à plomb ». Le fil à plomb, comme tu le sais, est vertical et fait un angle droit avec le plan du sol.

Mais comme substantif, on dit une perpendiculaire, et jamais une orthogonale, qui n'existe que comme adjectif, et on parle d'orthogonalité et pas de perpendicularité. L'utilisation principale de l'orthogonalité est le calcul des distances. Par exemple, pour calculer la distance d'un point M à une droite, on « abaisse » la perpendiculaire du point à la droite ; elle la coupe en H. Eh bien, la distance de M à la droite est la longueur MH. Pour calculer la distance entre deux droites parallèles, on trace une perpendiculaire aux deux droites qui les coupe en H et H'. Eh bien, la longueur du segment HH' est la distance entre les deux parallèles. Sais-tu ce que signifie parallèle ? Le mot vient du grec *parallelos*, « placé en regard ». Deux droites parallèles sont placées en regard… sur toute leur longueur. Tiens, au passage, si D//D', que puis-je en déduire quant à leur égalité ? Rien. Car D est parallèle à des droites différentes d'elle, mais est aussi parallèle à elle-même. Si E⊥F, que puis-je en déduire ? Je peux affirmer que E ≠ F, parce qu'une droite n'est pas perpendiculaire à elle-même.

Souvent le perpendiculaire nous permet de démontrer le parallèle ; par exemple, dans le plan, si une droite H est perpendiculaire à deux droites D et D', ces dernières sont parallèles. Si H⊥D et H⊥D', alors D//D'

– *Pourquoi est-ce que l'on passe tant de temps sur le triangle ?*

– C'est la plus petite figure fermée rectiligne.

Regard d'incompréhension de Lola.

– Je m'explique. On ne peut pas construire un espace fermé à moins de trois segments. Avec deux segments, tu n'auras qu'un espace ouvert à tous vents.

– *Tu veux dire que si je veux m'enfermer, je ne peux le faire qu'à l'intérieur d'un triangle ?*

– Non, je dis que pour disposer d'un espace fermé, tu n'as pas besoin d'une figure de plus de trois côtés.

– *Et le cercle, pourtant ?*

– J'ai dit ce que j'ai dit : la plus petite figure fermée RECTILIGNE. On oublie un mot, ça devient faux.

– *Et c'est important ?*

– D'être un espace borné ou non ? C'est une distinction capitale. Le triangle, le carré, le cercle sont bornés, la droite, la parabole ne le sont pas, elles sont illimitées. Elles ne délimitent pas une région dont on peut calculer l'aire.

– *Seules les figures fermées ont une surface, pas les autres ?*

– Comment voudrais-tu définir la surface, l'aire d'une région illimitée ? On ne sait pas ce qu'est la surface d'une figure ouverte, cela n'est pas défini. Ainsi, on ne parle jamais de la surface d'un angle, cela n'a pas de sens. Revenons aux triangles, qu'est-ce qu'ils ont en commun, tous ? La somme de leurs angles est égale à 180°. C'est ce qui fait que le triangle se « referme ».

Cette propriété capitale me permet d'affirmer que si je connais deux angles, je connais le troisième, puisque je connais leur somme. Il n'existe malheureusement pas de résultat semblable pour les côtés. Si je connais les longueurs de deux côtés, je ne peux pas en déduire la longueur du troisième.

Autre conséquence : un triangle ne peut avoir qu'un seul angle obtus. S'il en avait deux, leur somme serait supérieure à 180° ! On peut donc annoncer qu'il n'y a que deux types de triangles, ceux qui ont trois angles aigus, ceux qui ont deux aigus et un obtus. Concernant le triangle rectangle : puisque l'un des angles est droit, la somme des deux autres, les angles aigus, vaut 90°.

La connaissance des trois angles d'un triangle ne détermine pas la longueur de ses côtés, donc ne dit rien de sa « *taille* », mais nous indique sa *forme*. On sait aussi que deux triangles qui ont la même forme, c'est-à-dire les mêmes angles, ont leurs côtés proportionnels :

$$\frac{AB}{A'B'} = \frac{AC}{A'C'} = \frac{BC}{B'C'}$$

– *Oui, mais pourquoi les triangles sont-ils si importants ?*

– Parce qu'avec les triangles on peut fabriquer tous les polygones quel que soit leur nombre de côtés. Le losange ? Deux triangles isocèles identiques accolés par leur base. Le carré ? Deux triangles rectangles isocèles identiques accolés par l'hypoténuse. Le rectangle ? Deux triangles rectangles identiques accolés par l'hypoténuse. Tu pars en voyage, ne vas pas t'encombrer de tous les polygones. Emporte seulement les triangles. Tu as besoin d'un pentagone, retire trois triangles de ton sac, tu as ton pentagone. Un octogone ? Retires-en six.

Autre chose : la « visibilité » du triangle ! Une voiture fonce dans le brouillard, le conducteur aperçoit soudain un triangle rouge sur la chaussée, il freine. Un camion est arrêté sur le bas-côté. Le conducteur a évité l'accident. Pose un carré, un pentagone, un cercle, un triangle, éloigne-toi, lequel se distingue le mieux ? Pourquoi pour avertir d'un danger la Sécurité Routière a-t-elle choisi un triangle ? Parce que c'est la figure la plus visible : elle a forcément un angle aigu, et un angle aigu fait une « pointe ». Par ailleurs, pour indiquer une direction, on dessine une flèche, c'est-à-dire un trait suivi d'un triangle. Et la lettre grecque *delta* est représentée par un triangle Δ, qui est la forme des deltas des fleuves.

Voyons quels sont les liens entre sommets et côtés. Chaque sommet admet deux côtés *adjacents,* chaque angle admet un *côté opposé*, un seul, on peut donc dire LE côté opposé d'un sommet. Mais on ne peut faire de même avec un rectangle, parce que chaque sommet a deux côtés opposés.

On va définir quelques lignes remarquables du triangle, hauteur, médiane, médiatrice, bissectrice. La *hauteur* est la perpendiculaire abaissée d'un sommet sur le côté opposé, sa longueur est donc la distance entre un sommet et le côté opposé. La *médiane* est la droite qui relie un sommet au milieu du côté opposé. La *médiatrice d'un côté* est la droite perpendiculaire à ce côté en son milieu. La *bissectrice d'un angle* est la demi-droite qui divise l'angle en deux angles égaux.

– *Trois hauteurs, trois bissectrices, trois médiatrices, trois médianes. Le triangle est le roi du trois !*

– On peut le dire. On pourrait d'ailleurs aussi l'appeler un « tricôté ». Traçons une médiatrice, bon. Traçons-en une deuxième, elle coupe la première, bon. Traçons la troisième, elle doit couper les deux précédentes quelque part, mais où ? Elle les coupe exactement au point où les deux premières se sont coupées ! Et ça, c'est extraordinaire. Une vraie surprise, les trois médiatrices se coupent au même point ! Comment expliquer cet événement ? Car bien sûr il y a des raisons. On cherche une démonstration. La démonstration vient après la surprise, elle a pour but de répondre à la question : pourquoi cette chose étonnante a-t-elle lieu ? En cas de succès, elle va nous en révéler les raisons. Cela restera peut-être aussi surprenant, mais ce ne sera plus mystérieux.

– *C'est ce que je te disais tout à l'heure. En maths, tout se justifie, tout a une raison.*

– C'est du moins la conviction des mathématiciens. Ils veulent comprendre, expliquer, justifier. Préfèrerais-tu un univers où il n'y aurait aucune explication à ce qui arrive ?

– *Je préfère un univers où tout ne se justifie pas. Ce qui ne veut pas dire que je souhaite que rien n'ait de justification.*

– L'explication n'abolit pas l'émerveillement. Le mystère levé, il reste la beauté, qui est encore plus grande quand on comprend d'où elle naît. Mais on n'en a pas fini avec les surprises ; cette chose surprenante concernant les médiatrices a lieu également avec les bissectrices : elles se coupent au même point. Avec les médianes, avec les hauteurs : elles se coupent au même point. Elles sont *concourantes* ! C'est comme s'il y avait dans le triangle, dans sa forme géométrique, une force d'attraction qui lie ses éléments et les fait se rejoindre. Ces quatre *points de concours* sont évidemment des points remarquables du triangle. Par exemple, le point où les médianes se coupent est un lieu stratégique : le *centre de gravité* du triangle. Petite expérience : pose un triangle de métal sur un clou. Il ne tient pas en équilibre et tombe. Place le clou à présent à l'emplacement du centre de gravité, le triangle tient en équilibre ! Autre chose, as-tu déjà aperçu les nouveaux scooters avec deux roues à l'avant ? Ils sont totalement stables, et, à l'arrêt, le conducteur n'a pas besoin de poser le pied au sol pour maintenir son scooter à l'équilibre. Parce que trois roues, si elles ne sont pas en enfilade, forment un triangle ! et le triangle est stable. Pour disposer d'un véhicule stable pas besoin d'une voiture à quatre roues.

– *Voilà pourquoi j'ai commencé par un tricycle !*

– Tu vois, les maths, ça sert.

– *Pourquoi est-ce qu'il y a des cas d'égalité uniquement pour les triangles ?*

– Lorsqu'on définit une famille d'objets, la première chose que l'on fait est de décider quand on a le droit de déclarer que deux d'entre eux sont égaux. En géométrie, deux objets sont égaux si on peut les superposer, c'est-à-dire si leurs composants respectifs sont égaux. Il faut donc passer tous les composants en revue et les comparer. On peut se demander s'il existe des moyens plus « économiques », en comparant une partie seulement des composants.

Prenons les cercles. Pour démontrer l'égalité de deux cercles, il suffit de démontrer que leurs diamètres sont égaux, ou bien que leurs circonférences sont égales. Une seule égalité suffit. C'est normal puisqu'un cercle est entièrement défini par son diamètre ou par sa circonférence.

Cas d'égalité des cercles : deux cercles sont égaux si leurs diamètres sont égaux.

Et pour les triangles ? Un triangle, c'est trois angles et trois côtés. Il faudrait donc établir six égalités pour déclarer l'égalité de deux triangles. En fait, cinq, puisque connaissant deux angles, on connaît le troisième. Existe-t-il une façon plus « économique » ? La réponse est oui. C'est la fonction des trois cas d'égalité. Le premier cas, par exemple : si deux triangles ont un côté de même longueur compris entre deux angles de mêmes mesures, ces triangles sont égaux. Deux égalités d'angle et une de longueur, trois égalités au lieu de cinq. Autre interprétation d'un cas d'égalité. Si je me donne un côté et ses deux angles adjacents, je ne peux tracer qu'un seul triangle.

– *Pourquoi chaque fois que je décide de tracer un triangle quelconque, je trace un triangle isocèle ou rectangle ?*

– Ce n'est qu'une impression. Si tu mesurais effectivement les côtés, tu te convaincrais qu'ils sont différents, semblablement pour les angles. Les triangles quelconques sont par définition sans propriétés particulières, pas de côtés égaux, pas d'angles égaux, pas d'angles droits. Or les résultats que l'on obtient en mathématiques découlent des propriétés de l'objet ; plus il est général, moins il possède de propriétés et moins on établit de résultats à son sujet. C'est pour cela que l'on étudie le plus souvent les triangles rectangles, isocèles, ou équilatéraux, et les carrés, et les losanges.

Les Grecs disaient que certains triangles avaient « deux jambes égales », ils les ont donc nommés *iso-skelos* ! *Iso* : « même », *skelos* : « jambes ». Isocèles. Quant au triangle qui a ses trois côtés inégaux, le « quelconque », il a longtemps été appelé « scalène », triangle boiteux.

Lola éclata de rire.

– *Les triangles boitent et les cercles ne tournent pas rond. La géométrie est bancale !*

– Elle tient cependant depuis vingt-cinq siècles ! On a parlé des liens entre les triangles rectangles et les triangles quelconques, puis entre les triangles et les polygones. On va examiner les liens entre les polygones et les cercles. Je me donne un polygone, existe-il un cercle qui passe par tous ses sommets ? Si un tel cercle existe, on l'appelle le *cercle circonscrit* au polygone. Il est le plus petit cercle contenant entièrement le polygone. On démontre que tout triangle admet un cercle circonscrit. Et ce cercle est unique. Pourquoi ? Parce que deux cercles passant par les mêmes trois points, les sommets du triangle, sont identiques. Comment tracer ce cercle ? Où se trouve son centre ? Au point de concours des médiatrices ! Pourquoi ? La médiatrice joue un rôle important pour les segments. Elle est *le lieu* des points situés à égale distance des extrémités d'un segment.

Le point de concours des médiatrices étant sur la première médiatrice est équidistant de A et de B, étant sur la deuxième, il est équidistant de B et de C. Donc il est équidistant de A, de B et de C. Il est donc le centre du cercle passant par A, B et C, donc le centre du cercle circonscrit au triangle ABC.

– *Les quadrilatères ont-ils tous un cercle circonscrit ?*

– Non. Le carré, le rectangle en admettent un, pas le losange ni le trapèze quelconque, ni bien sûr un quadrilatère quelconque. Admettre un cercle circonscrit est une « bonne » propriété pour un quadrilatère qui dans ce cas est dit *inscriptible.*

– *Le triangle est le roi du trois, et le quadrilatère celui du quatre ?*

– Non, un quadrilatère a bien quatre angles, quatre côtés, etc., mais seulement deux diagonales. On a dit tout à l'heure que n'importe quel quadrilatère était composé de deux triangles. La somme des angles d'un triangle étant égale à 180°, il s'ensuit que la somme des angles d'un quadrilatère est égale à 360° ou quatre droits.

De la même façon que l'on a classé les triangles à partir de certaines propriétés, on va classer les quadrilatères en mettant en œuvre trois critères : avoir des angles droits ou pas, avoir ses côtés opposés égaux ou pas, avoir ses côtés opposés parallèles ou pas.

Quatre côtés égaux : losange. Quatre côtés égaux et angles droits : carré. Angles droits et côtés opposés égaux : rectangle. Côtés opposés égaux : parallélogramme. Une paire de côtés opposés parallèles : trapèze.

Le carré est le plus simple des quadrilatères, il suffit d'une seule information, la longueur du côté, pour le déterminer, pour le *définir*, on peut donc dire LE carré de côté 2. Pour le rectangle, il faut deux informations, la longueur des côtés. On dit LE rectangle 2, 3. Quant au parallélogramme, il en faut trois, la longueur de ses côtés et la valeur de l'angle que font ses côtés.

– Pourquoi est-ce important la symétrie ?

– Parce que, lorsqu'une figure est symétrique, on peut la reconstituer entièrement à partir d'une de ses parties. Avec une partie j'obtiens tout. La symétrie est une notion géométrique, il n'y a pas de nombres symétriques. On distingue deux types de symétries, la *symétrie axiale*, par rapport à une droite, la *symétrie centrale*, par rapport à un point. Ces deux symétries sont liées : si une figure est symétrique par rapport à deux droites, elle est symétrique, dans une symétrie centrale, par rapport au point de rencontre des deux axes.

Le triangle isocèle est symétrique par rapport à l'une de ses hauteurs. Le triangle équilatéral est symétrique par rapport à ses trois hauteurs, donc par rapport à leur point de concours dans une symétrie centrale. Le carré, le losange sont symétriques par rapport à leurs deux diagonales. Enfin, le cercle est symétrique par rapport à chacun de ses diamètres, donc par rapport à son centre. Le cercle est le roi de la symétrie.

As-tu remarqué que tous les terrains de sports où s'affrontent deux équipes ou deux joueurs sont symétriques par rapport à une ligne médiane ? Football, handball, rugby, tennis, volley, ping-pong. Pourquoi ? Pour que les deux équipes disposent d'un terrain identique : surface *égale, même disposition des buts, des filets, etc., afin qu'aucune ne soit favorisée.*

– *À quoi sert le chiffre π ?*

– Le chiffre ?

– *D'accord, d'accord, le NOMBRE* π.

– C'est un nombre qui dit ce qu'est un cercle, il nous parle de sa nature.

– *Quand a-t-on découvert* π *?*

– Depuis la plus haute Antiquité, les calculateurs se sont aperçus que tous les cercles, quelle que soit leur taille, avaient une chose en commun : leur diamètre et leur circonférence semblaient entretenir un même rapport. Ce lien numérique semblait indépendant de la taille du cercle. On peut déduire de leurs écrits que, pour les Hébreux, dans la Bible, il vaut 3 ; pour les Babyloniens, $3 + \frac{1}{8}$, c'est-à-dire 3,125 ; pour les Égyptiens, seize siècles avant notre ère, $\left(\frac{16}{9}\right)^2 = 3,160$; pour Archimède, en 250 avant notre ère, le rapport était coincé entre 3,1408 et 3,1429 ; pour les Chinois, au début de notre ère, 3,162 ; en Inde, au IIIe siècle de notre ère, 3,1416.

Le cercle possède deux éléments remarquables, la circonférence et le diamètre.

Le rapport entre ces deux longueurs est constant. Il ne dépend pas de la taille du cercle. Sa valeur *caractérise* la forme circulaire.

Ce rapport entre le « rond » de la circonférence et le « droit » du diamètre a été nommé tardivement en Occident, par la lettre grecque π, pour *periphereia*, « pourtour ». Ce rapport nous indique que tous les cercles sont semblables : on peut dire que dans le monde, il n'y a qu'un seul cercle *à la taille près*, ou encore qu'il n'y a qu'une façon d'être un cercle. Ce qui n'est pas le cas des triangles ou des rectangles, par exemple, ils ne sont pas semblables, ils n'ont pas tous la même forme.

– *À quoi* π *est-il égal exactement ?*

– Exactement ? Toute la question est là, Lola ! Tu me demandes « quelle est sa valeur exacte ? », je te réponds : « la valeur exacte de π, c'est π ! »

Tête de Lola.

– Ne me regarde pas comme ça. C'est la seule bonne réponse.

– Et $\frac{22}{7}$?

– Si π était égal à $\frac{22}{7}$ on l'appellerait tout simplement $\frac{22}{7}$, et l'on n'en ferait pas,comme tu dis, « un fromage » en allant chercher une lettre grecque. Je vais te donner deux autres exemples : si tu veux savoir à quoi est égal 1 divisé par 3, tu peux faire la division et tu trouveras 0,333333… Tu peux continuer aussi loin que tu veux, ce ne sera jamais une valeur exacte. On sait à présent, on l'a démontré, qu'on ne pourra jamais écrire exactement π en nombre décimal, pas plus que sous forme de fraction. Mais on pourra toujours l'approcher de plus en plus. On a calculé ses 1 241 milliards premières décimales ! La seule réponse à la question « à quoi π est-il égal ? » est « π est égal à π ».

À propos, tu te promènes gentiment dans la campagne et si au lieu d'aller tout droit, tu décides de te payer un détour circulaire.

Sais-tu combien cela te « coûtera » ? Ton trajet sera $\frac{\pi}{2}$ fois plus long ! À peu près 1,57 fois plus long !

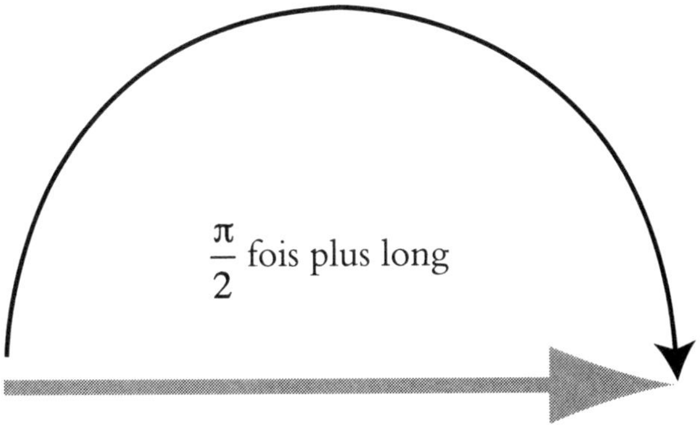

Tu me demandais tout à l'heure ce qui pouvait intéresser les mathématiciens. Une des grandes questions qu'ils se posent et que nous nous posons aussi fréquemment dans la vie : ayant fait une demande, on cherche quel est le « plus petit » objet qui y répond, *l'objet minimal* ? Ou le « plus grand », *l'objet maximal* ?

Par exemple, je me donne un certain périmètre et je demande, parmi toutes les figures ayant ce périmètre, quelle est celle qui a le plus grand « intérieur ». On démontre que c'est le cercle. C'est lui qui englobe le maximum d'espace pour un même contour. Voilà une connaissance très utile. Suppose que tu disposes d'une clôture non extensible et d'une vache. Pour lui offrir le maximum de pâturage, tu dois lui construire un enclos circulaire. Avec tout autre figure, carré, triangle, tu obtiendras une surface plus petite. Si tu avais fait l'enclos carré, il eût été 0,786 fois plus petit et tu aurais privé ta vache de plus de 21 % de belle herbe !

– Pourquoi le théorème de Pythagore est-il si important ?

– C'est sans doute l'un des premiers théorèmes de l'histoire des maths. Il était présent chez les Mésopotamiens et chez les Égyptiens qui avaient remarqué que certains triplets de nombres entretenaient une étrange relation avec leur carré. Cette relation, tu la connais, la somme des carrés de deux d'entre eux est égale au carré du troisième (3, 4, 5). En effet $3^2+4^2 = 5^2$, (5 ; 12 ; 13), (6 ; 8 ; 10), (8 ; 15 ; 17), (12 ; 16 ; 20). Plus tard, on a démontré que si les côtés d'un triangle possédaient ce lien, le triangle était rectangle. Ce serait Pythagore qui aurait fait la démonstration, et depuis l'on parle du théorème de Pythagore.

L'action se situe dans un triangle, que dit le théorème : une information sur un angle (angle droit), fournit une information sur les côtés et réciproquement.

Un triangle est rectangle si et seulement si ses côtés sont tels que $a^2+b^2=c^2$.

Donc chaque fois que l'on trouve trois nombres tels que la somme des carrés de deux d'entre eux est égale au carré du troisième, on peut construire un triangle rectangle. Cette relation entre des longueurs nous fournit un moyen pour construire des angles droits. Elle nous fournit aussi le moyen de calculer des longueurs : si j'ai un angle droit, et que je connais les longueurs de deux côtés, le théorème de Pythagore me permet de calculer la longueur du troisième côté. C'est une situation très fréquente.

ALGÈBRE

– *Pourquoi dit-on : soit* x *l'inconnue ?*

– Parce que *x* est justement ce que l'on ne connaît pas et que l'on cherche…

– *Cela, je l'avais compris, mais pourquoi inconnuE au féminin ?*

– Je ne sais pas. Peut-être parce que les femmes sont plus secrètes, plus mystérieuses, plus difficiles à découvrir….

– *Et puis elles posent toujours des problèmes, n'est-ce pas ?*

– Tu cherches la petite bête ?

– *Oui.*

– Ça va mieux en le disant. Lorsque je recherche l'identité de quelque chose, je dois commencer par nommer cette chose. Si je ne lui donne pas de nom, je n'aurai pas de « prise » sur elle et je ne pourrai pas la rechercher. Quel choix ai-je ? Lui donner le nom d'un nombre connu ? Par exemple 8. Ce serait stupide. Si *a priori* je décide que l'inconnue est égale à 8, ce sera probablement faux. Le problème serait résolu, faussement, avant même de commencer.

Je vais donc lui attribuer un nom temporaire, x, qui laisse à tous les nombres la possibilité d'être l'inconnue que je cherche, ainsi je ne referme pas le champ de mes recherches.

Ce nom temporaire me permet de travailler, de faire des calculs, pour avancer dans l'identification de l'inconnue.

J'attribue ce nom momentanément, et jusqu'à ce que je sois parvenu à l'identifier, l'inconnue se nommera x. Quand j'aurai identifié la chose que je recherche, elle abandonnera son nom d'emprunt pour endosser sa véritable identité, que j'aurais découverte.

Dans un polar, pour parler de l'inconnue on dit « le coupable », « l'assassin », « le suspect », parfois même, « Monsieur x » ou « Madame

x ». L'enquête se termine lorsque l'on a « identifié » la personne recherchée, le coupable, l'assassin.

Plus généralement, il y a une grande similitude entre la résolution d'un problème mathématique et une enquête policière, ou une recherche scientifique : on a des indices, des informations, des pistes, des fausses pistes, des moments d'excitation quand on a l'impression d'avancer, ou de déprime dans le cas contraire, et on essaye de trouver un cadre cohérent où tout devient clair, où on comprend enfin ce qui se passe, ou ce qui s'est passé, et on peut en apporter la preuve.

– *Quelle est la différence entre une égalité et une équation ?*

– Eh bien $\frac{75}{3}=25$ est une égalité, $\frac{75}{3}-x=0$

est une équation. $\frac{75}{3}-25$ et $\frac{75}{3}-x=0$ ne sont ni des égalités ni des équations, pas plus que $(x-y)$; on peut dire seulement que ce sont des expressions.

Une égalité est une expression mathématique où figure le signe = ainsi que des nombres connus. À une égalité, on ne peut poser qu'une question: est-elle vraie ou fausse? $\frac{75}{3}=25$ est vraie. $\frac{12}{7}=\frac{19}{11}$ est fausse, comme on l'a vu tout à l'heure.

– *Si c'est une égalité, elle est vraie!*

– Eh bien, non! Reprends la définition: une égalité est une expression mathématique où figurent le signe =, ainsi que des nombres connus. Quant à l'équation, c'est une expression mathématique dans laquelle figurent le signe =, ainsi que des nombres connus et d'autres inconnus: $2 \times x + 3 = 7$. Une équation n'est ni vraie ni fausse, elle est l'expression d'une *contrainte*, ici «le double du nombre x ajouté à 3 doit être égal à 7». Une égalité et une équation ont deux *membres*. Moi, j'aime bien parler de *rives*, les deux rives du signe égal.

– *Je constate que tu es toujours aussi poète. Et qu'est-ce qui coule entre les deux rives du signe égal?*

– Imagine! Le grand jeu, si je peux dire, est de faire passer des termes d'une rive à l'autre. Pour franchir le signe égal qui est une sorte de frontière, un certain nombre de formalités doivent être impérieusement respectées.

Résoudre une équation consiste à déterminer l'ensemble des valeurs de l'*inconnue* x qui satisfont à la contrainte. Pour y parvenir, on transforme pas à pas l'équation de départ en une suite d'équations équivalentes susceptibles de nous conduire à la solution, jusqu'à « isoler » l'inconnue dans le membre de gauche, c'est-à-dire jusqu'à obtenir une équation de la forme $x = \mathrm{A}$, A étant une expression numérique ne contenant que des nombres connus. Les différentes valeurs de l'inconnue sont les *solutions* de l'équation.

Comment travaille-t-on avec des équations ? Règle d'or, si l'on modifie *exactement de la même façon* les deux côtés d'une équation, on obtient une équation équivalente, c'est l'arme principale. J'ajoute 2 à droite, j'ajoute 2 à gauche ; je multiplie par 2 à droite, je multiplie par 2 à gauche, etc.

Comment manie-t-on l'inconnue ? On

additionne, soustrait, multiplie les x, exactement comme les nombres connus. Pour la division, attention, si x est au dénominateur, exiger qu'il soit différent de 0, tu sais pourquoi.

Cherchant à isoler x à gauche, je vais comme on dit faire passer le maximum de choses à droite. $2x+3=7$. Pour faire disparaître le 3, j'ajoute -3 des deux côtés : $2x+3-3=7-3$, c'est-à-dire $2x=4$. Pour isoler x sur la rive gauche, je dois faire disparaître 2, le facteur de x. Pour cela je divise par 2 les deux membres de l'égalité.

$\frac{2x}{2}=\frac{4}{2}$. Résultat $x=2$. Voilà l'inconnue connue ! Surtout avant d'annoncer le résultat, une petite précaution : *vérifier.* Cela m'épargnera l'embarras d'avoir avancé un résultat faux. En remplaçant x par 2 dans l'équation, je dois obtenir une égalité, si c'est le cas la *vérification* est un succès : $2\times2+3=7$. C'est le cas. 2 est bien un nombre qui se soumet à la contrainte posée, il est la solution de l'équation.

– *Quelle est la différence entre l'algèbre et l'arithmétique ?*

– L'arithmétique est l'étude des nombres entiers et des fractions, alors que l'algèbre est la discipline mathématique dont l'objet est la théorie des équations. Les Grecs, experts en géométrie et en arithmétique, ne sont jamais allés jusqu'à créer l'algèbre. Cette discipline est née sur les rives du Tigre, à Bagdad, au début du IXe siècle. Son créateur, Mohamed al-Khwarizmi, un grand savant perse, a rédigé *Kitab al jabr i al muqabala*, « traité du raboutage et de la mise face à face », qui est la véritable fondation de la nouvelle discipline. Le mot *al jabr* a donné « algèbre », universellement adopté aujourd'hui. Quant à al-Khwarizmi, son nom latinisé Algorismus a donné le nom algorithme, utilisé en informatique, qui signifie « procédure systématique pour résoudre une question », le plus souvent pour effectuer un calcul.

La première utilisation de l'algèbre a concerné les problèmes d'héritages, souvent très compliqués, régis par des règles extrêmement strictes. Les équations furent l'outil adéquat permettant de déterminer les parts attribuées aux différents héritiers suivant les instructions du testament du défunt.

– En algèbre, on rencontre plus de lettres que de nombres, c'est paradoxal tout de même. Variables, paramètres, qu'est-ce qui les différencie ?

– $2x+3=7$. Que dit cette équation ? Le produit de la variable par un premier nombre ajouté à un deuxième nombre égale un troisième nombre. Il n'y a aucune raison que les trois nombres en jeu soient égaux, je dois donc les nommer par des noms différents, *a*, *b*, *c*. Ce n'est pas eux que je cherche à déterminer, mais l'inconnue x. Je peux maintenant décrire cette équation avec des mots sans m'attacher aux valeurs numériques : le produit de la variable par un premier nombre, que je nomme a : $a\times x$, ajouté à un deuxième nombre, que je nomme b : $(a\times x)+b$, doit être égal à un troisième nombre, que je nomme c : $(a\times x)+b=c$.

Cette expression est également une équation, mais dans laquelle aucune valeur numérique ne figure. En fait, ce n'est pas une seule équation mais une famille d'équations.

a, b et c servent à décrire la «forme» de l'équation, ce sont les *paramètres*, ils permettent d'écrire l'équation générale du premier degré.

Chaque triplet de nombres a, b, c définit une équation particulière, 2, 3, 5 définit l'équation $2x + 3 = 5$. Essayons de résoudre l'équation générale : $a \times x + b = c$, $a \times x = b\text{-}c$, et

$$x = \frac{(b - c)}{a}.$$

Pour supprimer le b, j'ajoute $-b$ de chaque côté : $a \times x + b - b = c - b$, que je peux écrire $a \times x = c - b$. Pour supprimer le a, il me suffit de diviser par a de chaque côté. Et j'obtiens finalement ce que je cherchais : $x = \frac{(c - b)}{a}$.

L'intérêt ? La formule $x = \frac{(c - b)}{a}$ me permet de trouver la solution de toutes les équations du premier degré.

S'il y avait eu x^2, au lieu de x, on aurait parlé d'équation du deuxième degré. Le degré est l'exposant le plus élevé figurant dans l'équation.

Un autre exemple : le produit du carré de la variable par un premier nombre, ajouté au produit de la variable par un deuxième nombre, ajouté à un troisième nombre est égal à un quatrième nombre. Donc quatre nombres *a*, *b*, *c*, *d* qui permettent d'écrire l'équation du second degré la plus générale $ax^2+bx+c=d$.

Descartes, qui fut autant philosophe que mathématicien, a généralisé l'emploi des lettres dans les équations, il a choisi les dernières lettres de l'alphabet *x*, *y*, *z* pour représenter les inconnues et les premières *a*, *b*, *c*, *d*... pour les paramètres.

– *Comment font les Chinois qui, eux, n'ont pas d'alphabet ?*

– J'avoue que je n'en sais rien. Je sais par contre comment faisait le grand mathématicien indien Brahmagupta quand il y avait plusieurs variables. Il a eu l'idée d'utiliser les couleurs pour symboliser les différentes inconnues présentes dans ses équations, le noir pour la deuxième inconnue, le bleu pour la troisième, puis le jaune, le blanc et le rouge.

– *Une algèbre multicolore! Il n'y a pas un poème de Rimbaud qui fait la même chose avec des voyelles?*

– Si fait. Tu le connais? Vas-y!

– *Je ne m'en souviens plus.*

– A noir, ... E blanc.

– *Oui, oui, I rouge, U vert, O bleu.*

– On atterrit. On parle souvent du *langage algébrique*. Certaines expressions d'un seul tenant sans + ni - sont assimilées à des mots: $3xy^2$. Ce sont des *monômes*.

Tandis que les suites de monômes séparées par + ou - sont assimilées à des phrases, ce sont des *polynômes*. Le langage algébrique nécessite peu de signes, trois types seulement. Des nombres connus, 2, $\frac{3}{4}$; des lettres, *a*, *b*, *x*, *y*,..., représentant des nombres, puis les signes: =, >, <, enfin les signes des quatre opérations +, ×, -, /, les exposants, carré, cube, et le signe des racines carrés, √.

Ah, j'étais en train d'oublier un signe très important, les parenthèses! Elles vont par paire, une entrante: « (», une fermante: «) ». Ce sont de véritables signes de ponctuation qui servent à regrouper certains termes consécutifs pour avertir qu'on doit les considérer comme un tout. Par exemple, j'écris $a+b\times c$. Qu'est-ce que cela peut bien vouloir dire ? Est-ce la somme de a et du produit b×c ou le produit de $a+b$ par c ? Telle qu'elle est cette écriture ne permet pas de le déterminer. Elle est ambiguë. Donc à proscrire absolument ; en mathématiques, une expression ne doit pas avoir deux significations différentes. Il faut donc inventer des signes qui feront sauter l'ambiguïté : les parenthèses sont ces signes. Comment vont-elles permettre de sortir de cette impasse ? Si l'on a l'intention de parler de la somme de a et du produit $b\times c$, on écrit $a+(b\times c)$. Si l'on a l'intention de parler du produit de $a+b$ par c, on écrit $(a+b)\times c$. Les parenthèses ont chassé l'ambiguïté !

– *Pourquoi toutes les équations sont égales à 0 ? Et pas à 2 ou 3, 14 ?*

– D'abord, je voudrais te rappeler qu'une équation n'est égale à rien. Une équation est une équation, c'est tout. Ce que tu me demandes, c'est pourquoi le deuxième membre de l'équation est souvent égal à 0. Quelle que soit une égalité $a=b$, on peut la transformer en une nouvelle égalité dont le deuxième membre est nul. $a=b$, $a-b=b-b=0$.

$a=b$ est équivalent à $a-b=0$.

– *On peut le faire, mais pourquoi le faire ?*

– En effet, on ne fait pas forcément tout ce que l'on peut faire. Quel est l'intérêt ? Reprenons l'équation du premier degré qu'on avait représentée sous la forme $ax+b=c$, avec trois paramètres donc. Transformons-la. $ax+b-c=c-c$, donc $ax+b-c=0$. $(b-c)$ étant un nombre, je le représente par le paramètre d. L'équation devient $ax+d=0$, second membre nul, deux paramètres seulement. J'ai trouvé une forme générale simplifiée. L'équation est plus simple et aussi générale que la précédente. Cela est vrai pour toutes les équations.

– *Factoriser, développer, en algèbre, on nous le demande sans arrêt…*

– Un facteur, c'est « celui qui multiplie ». C'est pourquoi en maths, on parle de produit de facteurs et pas de sommes de facteurs. Quand on demande de *factoriser* une expression mathématique, cela veut dire qu'on désire transformer une somme en produit. Si on demande de la *développer*, c'est l'action inverse : on désire transformer les produits en sommes.

$(a+b)\times(a-b)=a^2-b^2$

Lue de gauche à droite, cette identité remarquable est un développement, un produit transformé en somme. Lue de droite à gauche, c'est une factorisation, une somme transformée en produit.

Et toujours cette préférence pour les produits relativement aux sommes. Pourquoi les apprécie-t-on ? Parce qu'ils nous permettent de *simplifier*. Un exemple : $a\times b=b^2+b\times c$, on factorise : $a\times b=b\times(b+c)$. On simplifie $a=b+c$.

Avoue que cela ne se voyait pas dans la première écriture.

Faire de l'algèbre, c'est à la fois faire le ménage et triturer. On triture les expressions pour les transformer en d'autres expressions égales, dont la forme nous convient, parce que nous disposons d'informations à leur sujet fournies par l'énoncé du problème ou par le cours.

La règle d'or: changer de forme sans changer la valeur. Le moindre changement de valeur, c'est l'erreur!

Souvent certaines choses que l'on fait en maths paraissent stupides.

– *Ah, tu avoues. Bravo pour ta lucidité.*

– Attends la fin avant de triompher. Lorsqu'on a une expression A et que l'on décide de la transformer en A+2-2, un non-matheux trouve cela stupide: à quoi ça sert d'ajouter 2 si c'est pour l'ôter immédiatement après? Eh bien, ça sert!

Les seules transformations qu'on a le droit d'effectuer sur une expression sont celles qui modifient sa forme sans changer sa « valeur ».

Donc une grande partie du travail en algèbre consiste, partant d'une expression A, à la remplacer par une suite d'expressions égales, jusqu'à obtenir une expression qui nous convient.

DES POINTS ET DES LIENS

– Les problèmes de géométrie sont souvent ardus, ce n'est pas toi qui diras le contraire.

– *Oh ! non. Voir dans l'espace, je n'y arrive vraiment pas.*

– Dans le courant du XVIIe siècle, deux mathématiciens français, René Descartes et Pierre Fermat ont eu, indépendamment l'un de l'autre, l'idée de parler des objets géométriques en utilisant le langage algébrique. Cette idée a révolutionné les mathématiques. Une nouvelle discipline était née, la *géométrie analytique*, qui a pris place aux côtés de l'arithmétique, de la géométrie, de la trigonométrie et de l'algèbre, agrandissant un peu plus l'univers mathématique. Grâce à la nouvelle discipline, au lieu d'agir directement sur les objets géométriques, on agit sur des expressions algébriques, infiniment plus maniables. Exemple supplémentaire des liens tissés entre l'espace et les nombres, entre la géométrie et l'algèbre. Traiter les problèmes géométriques par des méthodes algébriques permet de disposer de toutes les techniques de calcul de l'algèbre mises au service de la géométrie.

Comme tu sais, le point est l'objet le plus simple de la géométrie, il est l'objet élémentaire, chaque objet géométrique est constitué de points et uniquement de points. Autant dire que si je connais « tous » les points d'une figure, je connais la figure. Il faut donc commencer par nommer ces derniers, en utilisant un procédé systématique pour leur attribuer un nom. Pour cela, il est nécessaire de définir un *repère*, c'est-à-dire un dispositif qui permet de localiser et de nommer sans ambiguïté tous les éléments d'un ensemble donné.

On fait ça constamment en mathématiques (et ailleurs) : *donner un nom aux objets pour pouvoir en parler*. On peut même donner des noms à des objets qu'on ne connaît pas encore : par exemple, soit G un point situé à égale distance de trois points A, B, C donnés dans le plan. Si on ne connaît pas la réponse, il y a deux questions : est-ce qu'un tel point existe ? Si oui, comment le trouver ? Tant qu'on n'a pas répondu à ces deux questions, le point G est inconnu, mais on l'a quand même nommé, pour en parler.

Il est donc souvent utile de *se repérer* par rapport à d'autres objets déjà connus : telle rue, tel monument, dans la vie quotidienne, mais aussi, en géométrie : soit H le pied de la perpendiculaire, soit K l'intersection des droites D et D', etc.

C'est le point de départ de l'idée de Descartes et Fermat : essayer d'associer des noms « numériques », des nombres, à des points « géométriques » !

Superbe idée, qui permettrait, en cas de succès, de pouvoir utiliser toutes les ressources du calcul et de l'algèbre, c'est-à-dire d'une machine très systématique et ne faisant que peu appel à l'intuition, contrairement à la géométrie. Essayer de changer de cadre, pour être plus efficace ! C'est la beauté du projet.

En géométrie, nommer un point, c'est le situer. Et pour situer quelque chose, il faut un repère.

À chaque point, on va attribuer le nom du lieu qu'il occupe.

Par exemple, si je dis : « je suis sur l'autoroute du Sud, à 30 de Lyon », c'est très insuffisant : à 30 quoi ? Mètres, kilomètres ? Et dans quelle direction : Paris ou Marseille ? Par contre, si je donne l'origine (Lyon), la direction (Marseille) et l'unité (km), il n'y a plus d'ambiguïté, je sais où je suis, même si l'autoroute n'est pas... une droite géométrique.

Pour les mêmes raisons, si un point est sur une droite, il faudra se donner un point O de la droite comme *origine*, une direction (la droite sera *orientée*), et une unité de longueur (*unité*), pour qu'il n'y ait aucune ambiguïté : le nom « numérique » d'un point M sera la valeur algébrique de la mesure du segment $x = [OM]$.

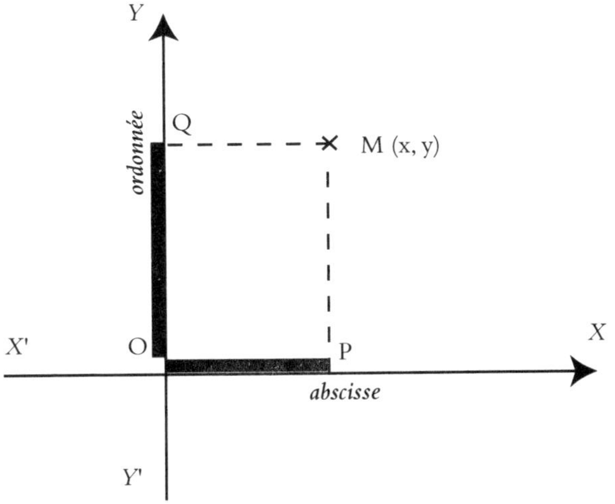

Si l'on se trouve sur une droite, un point sera représenté par un seul nombre ; dans un plan, deux nombres ; dans l'espace, trois. La raison ? La droite a une dimension, le plan deux, l'espace trois.

Deuxième univers, le plan. Le repère est défini par deux axes orientés *X'X* et *Y'Y* se coupant en O, qui est l'origine des coordonnées. De plus, sur chaque axe, on définit une distance unité.

Quand les deux axes sont perpendiculaires, on dit que le repère est *orthogonal*. Si de plus les unités ont la même longueur, le repère est *orthonormé*.

En projetant le point M respectivement sur les deux axes, on obtient deux segments OP et OQ, dont les mesures algébriques fournissent les nombres : *x*, *y* ce sont les *coordonnées* de M. *x* est *l'abscisse*, *y* l'*ordonnée*. Et M sera nommé par le couple de nombres (*x*, *y*). Pour un mathématicien, le plus souvent un point du plan, c'est un couple de nombres. En hommage à Descartes, les coordonnées sont appelées *coordonnées cartésiennes*.

On aurait pu s'y prendre différemment, par exemple en se donnant un seul axe orienté muni d'une origine O, et en définissant le point M par sa distance *d* à l'origine O, et l'angle ϑ des vecteurs OX, OM. On parle alors de *coordonnées polaires*. Tu remarqueras qu'il nous faut quand même deux nombres : *x* et *y* dans un cas, *d* et ϑ dans l'autre.

– *Exactement ce qui se passe sur une carte géographique, latitude, longitude. La longitude est l'abscisse, la latitude l'ordonnée. L'axe des ordonnées : le méridien de Greenwich, méridien 0, l'axe des abscisses, l'équateur.*

– La seule différence est que le plan est… plane, ainsi que la carte géographique, alors que le globe terrestre censé être représenté par la carte est plutôt sphérique. C'est pourquoi on n'évalue pas les distances en kilomètres sur un globe, mais en degrés, 360° pour les longitudes, 180° pour les latitudes.

– *Toujours le droit, le plane et le courbe !*

– En effet, c'est l'un des grands thèmes des mathématiques.

Toute cette machinerie de repérage sert essentiellement à représenter des *fonctions*. Dans la vie quotidienne, on rencontre souvent les expressions « dépendre de », « résulter de », « être fonction de ». Parfois, en étudiant certains phénomènes, on remarque que les variations de l'un provoquent les variations de l'autre : la vitesse et la distance, le poids et la taille, le prix d'un légume et son poids, etc. Bien sûr, on cherche à connaître plus précisément le lien qui unit les deux phénomènes, en espérant pouvoir le formuler mathématiquement.

À la fin du XVIIe siècle, Leibniz écrit dans l'un de ses textes « *x est fonction* de *y* ». Le mot est resté. Une vingtaine d'années plus tard, Jean Bernoulli emploie la notation : f*x*, « fonction d'une quantité variable *x* ». La notation est restée. De nouveaux êtres mathématiques étaient nés : les *fonctions*, dont l'étude constitue une partie importante des mathématiques. L'efficacité des mathématiques dans l'étude des fonctions explique en grande partie ses succès quand on l'applique à d'autres disciplines, en particulier en physique et en astronomie.

En électricité, par exemple : dans un circuit électrique le lien qui unit la tension électrique V à l'intensité du courant I qui le traverse est exprimé par la fonction $V = R \times I$. R étant la résistance électrique.

Voici la fonction $f(x) = 2x + 5$. Je peux la considérer comme une machine dotée d'une entrée et d'une sortie. J'insère le nombre 1 dans l'entrée, la machine mouline, multiplie 1 par 2, ajoute 5 et éjecte le résultat : $y = 7$. Une écriture me permet de résumer cette action de la fonction : le couple (1, 7), dont le premier terme est le nombre inséré et le second, le nombre éjecté, exprime ce que vient d'accomplir la machine-fonction.

On poursuit avec les nombres 0, -1, $\frac{1}{2}$, glissés en entrée. On obtient les couples, (0,5), (-1,3), ($\frac{1}{2}$, 6). Chacun d'eux peut être considéré comme le nom d'un point du plan. Dit autrement, la machine [$2x+5$] produit tous les points du plan dont l'ordonnée est le double de l'abscisse augmentée de 5. Tous ces points se trouvent sur une droite, que tout naturellement je vais appeler la droite $y=2x+5$. Bien plus, je peux affirmer que tous les points dont l'ordonnée est le double de l'abscisse augmentée de 5 se trouvent sur cette droite.

Fonction, *courbe*, *équation*, trois termes qu'on retrouve très souvent liés : *l'équation* d'une courbe, la *courbe représentative* d'une *fonction*.

– *Il n'y aurait pas là, un peu d'étymologie ?*

– Tout juste. *Repraesentare*, rendre présent, *graphein*, écrire. Représenter, c'est rendre présent. Cette fonction sous sa forme algébrique, on va pouvoir la VOIR !

C'est le rôle de la représentation graphique : offrir une « image » de la fonction.

L'équation d'une courbe fonctionne comme un dispositif permettant de produire à volonté le nom de chacun des points de la courbe. Et chacun d'eux *vérifie l'équation* de la courbe.

– *Qu'est-ce que cela veut dire « vérifier l'équation » ?*

– Le point A (1, 7) vérifie l'équation $f(x) = y = 2x + 5$, parce qu'en remplaçant x par 1 et y par 7, on obtient l'égalité : $2 \times 1 + 5 = 7$. A se trouve donc sur la courbe représentative de la fonction $f(x) = 2x + 5$.

Tu trouves que je radote ?

– *Non, que tu te répètes. Si j'ai bien compris, tu es en train de me dire de façons différentes la même chose.*

– Je dis plus, la connaissance de l'équation permet de connaître toutes les propriétés géométriques de la courbe. Que remarque-t-on du premier coup d'œil dans une courbe ? 1/ Les points où elle est au plus haut, elle s'arrête de croître pour décroître (les *maxima*) et ceux où elle est au plus bas, elle s'arrête de décroître pour croître (*les minima*). 2 / Les *points d'inflexion,* la courbe infléchit sa courbure, passant d'une ouverture vers le haut à une ouverture vers le bas. Et des tas d'autres choses, comme les *tangentes*, comme les *points d'intersection,* où elle coupe les axes $X'X$ et $Y'Y$. On peut également situer les droites les unes par rapport aux autres, parallèles, sécantes, etc.

Dans certains cas, la seule « vue » de l'équation nous permet d'annoncer quelle sera la forme de la courbe représentative. Ainsi, toutes les fonctions du premier degré, $f(x) = ax+b$, sont représentées par des droites, celles du second degré $y = ax^2+bx+c$, a, b, c étant des nombres, avec $a \neq 0$, par des paraboles. On précise $a \neq 0$, parce que si $a = 0$, la fonction se réduit à $y = bx+c$, qui est représentée, on vient de le voir, par une droite.

Cette droite, cette parabole, comment les obtient-on ? Habituellement on les trace d'un trait continu, mais ce n'est pas de cette façon qu'elles prennent forme réellement. En fait, elles sont produites point par point – une entrée : un nombre ; une sortie : un nombre. Deux nombres, donc un point. Comme sur un écran TV où l'image n'est pas « peinte » à même la surface, mais constituée de points dont l'agencement « fait » l'image. On est plus du côté de la broderie que de la peinture. Cette image est le *graphe* de la fonction.

– *Combien de points pour construire le graphe ?*

– Autant que de nombres introduits dans l'entrée.

– *Oui, mais combien de nombres introduits dans l'entrée ?*

– Bonne question. Il faut le préciser. L'ensemble des nombres introduits dans l'entrée doit impérativement apparaître dans la définition de la fonction, c'est *l'ensemble de départ.*

J'insiste, deux fonctions qui ont la même équation et des ensembles de départ différents sont différentes. Pour t'en convaincre, la fonction $f(x) = 2x + 5$, dont l'ensemble de départ est le nombre 0 et la fonction $g(x) = 2x + 5$, dont l'ensemble de départ est l'ensemble de tous les nombres, sont différentes. Le graphe de la première est réduit à un point, le point (0,5) ; celui de la seconde est une droite ! Ce n'est pas tout à fait la même chose…

LES PROBLÈMES

– *Souvent je comprends le cours, mais je n'arrive pas à résoudre les problèmes.*

– T'arrive-t-il par contre de résoudre des problèmes sans avoir compris le cours ?

– *Euh…*

– Euh, ça veut dire non ?

– *Oui.*

– Les problèmes qu'on te pose sont une application du cours. Ils sont toujours liés au domaine des maths sur lequel portent les cours que tu es en train de travailler. À moins que ce soit des problèmes de fin d'année qui peuvent concerner le programme entier. En te posant un problème, que cherche le professeur ? D'une part, à s'assurer que tu connais le cours, d'autre part à apprécier ton aptitude à l'appliquer.

– *Où les professeurs trouvent-ils leurs problèmes ?*

– Dans des ouvrages spécialisés, mais souvent, ils les construisent eux-mêmes en fonction du contenu de leurs cours et toujours de façon à ce que tu puisses les résoudre uniquement avec ce que tu as appris en cours. Cela veut dire qu'en principe tu as tout en main pour pouvoir t'en sortir.

On met à ta disposition la boîte à outils, à toi de savoir l'utiliser.

Les problèmes sont presque tous construits sur le même modèle. Ils débutent par un texte présentant la situation, les « données ». Elles « brossent le tableau », indiquant 1/ où l'on se situe, dans quelle zone des mathématiques se déroule « l'histoire » ; 2/ quels sont les différents acteurs mathématiques, un triangle rectangle, des fractions, etc., et les liens qu'ils entretiennent dans l'histoire.

Les problèmes se terminent par une suite de questions posées dans un ordre donné. Toujours se souvenir de ce que les termes de la présentation ont été précisément choisis pour que chacun d'eux fournisse une information dont tu vas avoir besoin pour résoudre les questions posées. Devant chaque information, tu dois te demander : pourquoi me la donne-t-on ? qu'est-ce qu'on veut me dire ? Quel message veut-on me faire passer ? Le décodage de ces messages constitue une partie importante de ton travail. En règle générale, on ne te fournit pas plus de données que celles qui te sont nécessaires. Ce qui signifie que pour résoudre le problème tu dois les utiliser toutes. Et si, par extraordinaire, tu as résolu entièrement le problème sans avoir eu besoin d'une des données, c'est que soit tu es géniale, soit tu t'es trompée.

Voilà un problème qui commence par « Soit ABC un triangle isocèle ». En écrivant cette phrase, le professeur t'a envoyé un message que tu décodes sur-le-champ. Isocèle : deux côtés égaux, deux angles égaux. D'entrée, tu disposes de deux égalités que – évidemment – tu t'empresses de noter sur une feuille spéciale, *la feuille de connaissance*. Si le professeur a ajouté « isocèle de sommet A », second message qui te permet de savoir que ce sont les côtés AB et AC, et les angles en B et en C, qui sont égaux ; mais aussi que la hauteur AH est également bissectrice, médiane et médiatrice, et aussi que AH est un axe de symétrie du triangle. Tu rajoutes ces informations sur la feuille de connaissances, elles constituent ton pécule pour résoudre le problème.

Et les questions ? Elles sont posées en fonction des données et l'ordre dans lequel elles apparaissent n'est pas arbitraire. Pour répondre à l'une, il faut souvent utiliser les réponses aux précédentes. Mais parfois certaines sont indépendantes, on peut y répondre sans avoir trouvé les précédentes.

Comment s'y prendre pour résoudre un problème ? Ton travail va consister à mettre en vis-à-vis ce qu'on te demande et ce que tu sais. Et à tenter de passer du second au premier : comment ce que je sais me permet-il de répondre à la question ?

Tu auras aussi parfois à « traduire » en écriture mathématique les termes figurant dans la question, c'est-à-dire à remplacer les noms des objets par leur définition.

Tous les théorèmes enseignés en cours sont disponibles, y compris ceux appris les années précédentes ! Mais évidemment tous ne conviennent pas à ton problème. Il va te falloir trouver lesquels sont adaptables. C'est ta première tâche, trouver le théorème qui « s'applique ». Que veut dire *appliquer* ? « Mettre une chose sur une autre de manière qu'elle la recouvre et qu'elle y adhère », c'est le dictionnaire qui le dit.

Essaye d'imaginer deux pièces mécaniques, tu disposes de l'une et tu dois trouver celle qui s'y adapte parfaitement. Prouver que le théorème s'adapte est ta seconde tâche. Quand tu l'as prouvé, tu l'appliques. Et c'est lui qui va faire le travail. La conclusion du théorème t'est à présent acquise. Tu peux l'ajouter dans ta feuille de connaissance.

Lorsque la situation de départ est écrite en langage courant, comme un récit en français, on doit d'abord comprendre ce qu'elle nous raconte. Alors seulement peut commencer le travail de transcription de ce récit en langage mathématique. C'est un travail assez subtil. Souvent c'est la partie la plus difficile, parce qu'aucune formule n'est capable de faire ce travail.

Ce n'est qu'à partir de cette transcription en langage mathématique, équations, figures, nombres, égalités, inégalités, fonctions, que l'on plonge en maths.

Beaucoup de problèmes sont en réalité des questions qui seront abordées en cours l'année suivante. On te fait démontrer un théorème, trop difficile pour ton niveau. Mais on va le présenter entrecoupé de questions, qui sont autant de marches qui vont te permettre sans trop de difficulté d'aller plus haut.

– *Un escalier !*

– Exactement, le problème est construit comme un escalier qui facilite l'ascension, au lieu d'aller d'un seul coup à la conclusion, tu y parviens marche par marche. Au passage, les résultats appris durant les années précédentes ne sont pas devenus obsolètes. Une élève de troisième est censée savoir tout ce qu'elle a appris les années précédentes.

– Il y a des mauvais problèmes ?

– Qu'est-ce qu'un bon problème en mathématiques ? C'est tout le problème ! De bonnes hypothèses, de bonnes questions. Certaines hypothèses ne sont pas « fertiles », rien d'intéressant ne pousse sur leur terrain, que des mauvaises herbes.

Un des talents des mathématiciens est de « sentir » quelles sont les bonnes hypothèses. Ils sont comme les bons cuisiniers, qui sentent quels ingrédients, quelles viandes, quels légumes, quels aromates il faut associer pour obtenir un plat succulent.

– Avec toutes tes connaissances gastronomiques, quel dommage que tu ne nous fasses pas plus souvent la cuisine !

– Revenons à d'autres nourritures. Quand on travaille avec un objet, il est utile de le connaître sous différentes formes, ainsi que ses différentes propriétés.

– Comment cela, « sous différentes formes » ?

– Une droite. Géométriquement, c'est un trait. Elle peut être définie par deux de ses points, et par l'intersection de deux plans non parallèles et par bien d'autres propriétés. Algébriquement, on peut la définir par son équation : $y = ax+b$. Cela permet de changer de cadre : certains problèmes géométriques, par exemple, sont plus faciles à résoudre sous une forme algébrique équivalente. Tu pourrais t'amuser à chercher toi-même les différentes formulations des objets que tu connais.

– *Les propriétés sont un atout ?*

– Absolument, Lola, un atout pour le mathématicien et pour les élèves. Une propriété est une information. Plus un objet est général, moins il a de propriétés et moins on a d'informations à son sujet, donc moins on a de « prises » sur lui. Travailler sur un objet quelconque est difficile, parce qu'on ne peut pas s'appuyer sur grand-chose. C'est pourquoi, dans les problèmes et aussi dans les théorèmes, on attribue des propriétés à l'objet pour l'enrichir. Plutôt que de faire un problème avec un triangle quelconque, on va préciser qu'il est rectangle, par exemple. On peut dire plus de choses à propos d'un triangle rectangle qu'à propos d'un triangle quelconque. Pour la bonne raison que tout ce qui est vrai pour un triangle quelconque est vrai pour un triangle rectangle. Pas l'inverse !

Avant de se jeter tête baissée sur la première question du problème, il vaut mieux lire l'énoncé en entier, pour voir où on veut t'emmener. Il n'est d'ailleurs pas très important de tout comprendre sur-le-champ, mais cela aide, et peut te donner des idées de résolution. Par ailleurs, certaines questions peuvent même éclairer le sens de questions précédentes.

LE RAISONNEMENT

– *Qu'est-ce qu'une démonstration ?*

– C'est un chemin qui va de la situation de départ, *l'hypothèse*, à la situation d'arrivée, le résultat, la conclusion. Les mots le disent bien. *Hypo*, « au-dessous », *thesis* : « poser », l'hypothèse pose la situation au-dessous ; quant à la conclusion, de *conclusio*, action de fermer, elle clôt la démonstration.

Une démonstration se dirige vers la conclusion en empruntant un chemin constitué d'une suite « d'arguments » dont chacun est conséquence du précédent et cause du suivant. Le cours de maths est un précieux réservoir d'arguments, de résultats, de théorèmes, dans lequel tu peux puiser à loisir (!)

pour résoudre les problèmes qui te sont posés. D'où la nécessité absolue de connaître le cours.

– *Pourquoi les démonstrations sont-elles si importantes ? Est-ce que l'on pourrait s'en débarra…, je veux dire s'en passer ?*

– Non. La démonstration est la façon qu'ont les mathématiques de prouver. Lorsque l'on énonce une affirmation, la question se pose à un moment ou à un autre de détenir un moyen de s'assurer de sa vérité ou de sa fausseté, c'est-à-dire de bâtir une *preuve*. Une preuve est un argument convaincant, qui emporte l'adhésion. La question de la preuve est une question capitale pour les hommes, à chaque époque de leur histoire, et le type de preuves recevables est différent suivant les champs où elles s'appliquent : les preuves en médecine ne sont pas de même nature que celles exigées en droit.

Les mathématiques s'attachent à établir des vérités non pas au sujet d'un objet particulier, mais de familles d'objets le plus souvent infinies. Bien sûr, on aimerait croire qu'il est possible de démontrer un résultat en vérifiant sa validité par un exemple numérique. Or chaque situation numérique étant unique, tout ce que l'on peut en dire ne vaut que pour elle seule, et donc ne peut être généralisé. Les exemples numériques, ou les dessins en géométrie, peuvent nous donner des idées de solution, nous suggérer des façons de faire, nous aider à construire une démonstration, mais ils ne peuvent être considérés comme des preuves valables. Il existe cependant une situation où un exemple numérique peut établir un résultat, mais un résultat négatif! Si une propriété n'est pas vérifiée dans un cas particulier, elle n'est pas vérifiée dans le cas général. C'est ce que l'on appelle un *contre-exemple*, seul cas où l'on passe du particulier au général.

D'une part, aucune situation particulière n'a le pouvoir d'établir le type de résultat général recherché. D'autre part, les objets concernés par le résultat que l'on tente d'établir étant en quantité infinie, il est vain de penser qu'on pourra les interroger un à un.

– *Alors ?*

– Alors ? Il faut concevoir un nouvel outil

capable de prendre en compte les caractères généraux des objets, en ne s'attachant qu'à ce qui leur est commun à tous. Cet outil, c'est la *démonstration*. Sans doute la plus belle création des penseurs grecs.

Au Ve siècle avant notre ère, les Grecs ont inventé un mode politique inédit en Occident, la démocratie, de *demos* : « peuple », gouvernement par le peuple. On proclame que la souveraineté émane du peuple, pas d'un roi, ni d'un chef de guerre, ni d'un chef religieux, ni de Dieu, mais des citoyens. Dans les diverses sphères de la société, des pratiques inédites sont mises en place. Dans la sphère juridique, au cours de procès, publics, on doit fournir des preuves de la culpabilité ou de l'innocence du prévenu, des preuves si possible irréfutables, on doit établir les faits, argumenter. Les deux parties s'opposent au cours d'échanges d'arguments.

Dans la sphère politique, ceux qui prétendent exercer un pouvoir doivent se présenter devant les assemblées de citoyens afin de les convaincre de leurs aptitudes, tentant de prouver qu'ils sont les meilleurs pour diriger la cité. C'était en principe, la fin de l'arbitraire, la fin de la parole d'autorité qui assène : « C'est vrai parce que c'est moi qui le dis. »

Un phénomène semblable a révolutionné les mathématiques à la même époque : la nécessité d'avoir à fournir des preuves de ce que l'on avance, l'obligation de justifier. En un mot, de démontrer. Il ne suffit plus de dire ce que l'on a découvert, il faut aussi expliquer au reste du monde pourquoi c'est vrai. C'est en particulier par l'usage de la démonstration que les mathématiques grecques se sont distinguées des mathématiques babyloniennes, égyptiennes ou chinoises, c'est à elle qu'elles doivent leur extraordinaire puissance. Les mathématiques que nous apprenons à l'école et à l'université, celles que pratiquent aujourd'hui tous les mathématiciens du monde sont les héritières directes des mathématiques grecques inventées au cours de l'Antiquité. Une démonstration est donc une preuve, un type particulier de preuve propre aux mathématiques.

– *Comment faisait-on avant ?*

– On se contentait d'énoncer les résultats

obtenus, sans dire comment on les avait obtenus.

– *Les maths avaient une autre allure alors ?*

– Oh ! oui. Les mathématiques chinoises, par exemple, qui étaient très avancées, n'avaient pourtant pas de théorèmes ; elles fonctionnaient tout à fait différemment.

– *Il n'y a pas toujours eu des théorèmes ?*

– Eh ! non. Une fois encore les penseurs grecs ont innové, ils ont donné naissance à l'idée de théorème : énoncé démontré mathématiquement. Un théorème est composé de deux parties, il débute par les *hypothèses*, qui explicitent la situation de départ, et se termine par la *conclusion* : une affirmation mathématique. Celle que l'on désire obtenir et que l'on s'emploie à démontrer. Sais-tu d'où vient le mot ? *Theorein* veut dire « contemplation » en grec.

– *Est-ce pour cela que l'on dit que les mathématiciens sont souvent dans la lune ?*

– Tu voudrais une réponse ?

– *Non.*

– Merci. Comment faut-il comprendre ce que nous dit un théorème ? Il dit : si les hypothèses sont vérifiées, c'est-à-dire si elles sont vraies, la conclusion est vraie. J'insiste, le théorème ne dit pas: la conclusion est vraie, mais la conclusion est vraie si les hypothèses sont vraies. Ainsi, dans un théorème, ce qui est vrai, ce n'est pas la conclusion prise isolément, mais le couple hypothèse-conclusion. De toute façon, presque rien n'est vrai partout!

– *Et 2+2 = 4?*

– Cela vaut aussi pour 2+2 = 4. Dans le système ternaire, par exemple, on ne peut pas écrire 2+2 = 4. Tout simplement parce que 4 n'existe pas en ternaire. Ce système n'utilise que trois chiffres: 0, 1, 2, comme le binaire deux et le décimal dix. En ternaire, 2+2 = 11! Parce que 2+2 = 1×3+1 donc 11. Ce n'est pas clair? En décimal, quelle quantité représente le nombre 11? Une dizaine plus une unité. En ternaire, 11 représente une « troizaine » plus une unité: 3+1.

Lola resta bouche bée. Puis finit par articuler:

– *Si 2+2 n'est plus égal à 4, tout fiche le camp!*

– Ce n'est pas parce que rien n'est vrai partout que tout est faux partout. Un théorème est toujours suivi de sa démonstration, c'est-à-dire de la preuve que ce qu'il affirme est vrai ; c'est en quelque sorte son certificat de validité. Si en mathématiques, rien n'est vrai partout, mais tout ce qui est vrai est vrai toujours.

Dès lors qu'un théorème est démontré, il entre dans le domaine public et appartient au patrimoine mathématique commun. Tout le monde peut alors l'utiliser. Pas de brevet de propriété en mathématiques. Les vérités mathématiques sont inaltérables, elles ne s'émoussent pas avec le temps. Si tu t'offres un théorème, il te sera livré avec un certificat de garantie établi pour l'éternité. Les mathématiques sont la seule entreprise humaine à pouvoir t'offrir une telle assurance.

– Eh bien, moi cela ne me rassure pas du tout. Vrai pour l'éternité, tu te rends compte ? Cela fait flipper. Rien de ce que nous ferons ne pourra changer une vérité mathématique, c'est cela que tu me dis ?

Le silence s'installa. Ray se rendait compte de l'effet qu'une telle déclaration pouvait avoir sur une jeune fille… qui avait la vie devant elle. Il voulut lui dire que les mathématiques étaient – aussi – terre de liberté, que l'un des plus grands mathématiciens, Georg Cantor, avait déclaré : l'essence des mathématiques est la liberté. Il aurait voulu dire qu'il n'y avait pas à « se coucher » devant les vérités mathématiques, mais à chercher comment elles avaient émergé, ce qui les justifiait, comment elles faisaient corps avec les autres vérités. Lui dire également que lui-même n'était pas mécontent qu'existent certaines assertions stables, intangibles sur lesquelles il pouvait s'appuyer. Oui, c'est cela, des vérités sur lesquelles il pouvait se reposer.

La dernière phrase lui avait échappé. Lola la saisit au bond :

– *Les théorèmes, moi, je ne me suis pas reposée dessus, ils m'ont plutôt fait turbiner dur. Et pourquoi doit-on les apprendre par cœur ?*

– On ne doit pas les apprendre par cœur, mais les comprendre « par cœur ». En comprendre le sens profond : un théorème accomplit un travail, c'est un *transporteur* qui permet de passer d'une assertion mathématique à une autre, directement. Voilà ce qu'il nous déclare : si je dispose de ceci (les hypothèses) alors je suis sûr de pouvoir disposer de cela (la conclusion).

Mais attention, par cœur cela veut dire aussi qu'on doit le connaître au mot près. Chaque mot de l'énoncé est nécessaire, enlève-le, cela devient faux, modifie-le, faux encore. Et le théorème n'est plus un théorème.

– *Pourquoi ne dis-tu pas : le théorème devient faux ?*

– Un théorème est une proposition vraie. Donc un théorème faux serait… une proposition vraie qui serait fausse ! Bien sûr, il y a eu dans l'histoire des mathématiques des théorèmes dont on s'est aperçu plus tard que ce qu'ils affirmaient était faux.

– *Ils avaient pourtant été démontrés !*

– Oui, mais la démonstration était fausse ! Cela s'est produit, assez rarement il faut le dire, lorsque le mathématicien oubliait de mentionner dans ses hypothèses une propriété qu'il utilisait quand même, mais qui n'était pas démontrée. Il se trompait! Lorsqu'un théorème est établi, cela engage une double responsabilité, celle de l'auteur, mais aussi celle de la communauté mathématique qui répond de ce théorème, qui est responsable de la justesse des résultats établis en son sein. La « mise sur le marché » d'un théorème n'est autorisée qu'après l'approbation d'un jury de thèse présentée à l'université ou celle d'un comité de lecture d'un journal spécialisé.

Prenons l'exemple du théorème de Pythagore. Il semble que les Égyptiens savaient que le triangle de côté 3, 4, 5 était rectangle, ce que confirme le théorème de Pythagore: on a bien $3^2+4^2=5^2$, mais ce que nous dit le théorème de Pythagore est d'un autre ordre que ce qu'on sait sur le triangle (3, 4, 5). Il nous dit: *dans un triangle rectangle, le carré de l'hypoténuse est égal à la somme des carrés des deux autres côtés.* C'est vrai pour tous les triangles rectangles, et pas seulement pour le triangle (3, 4, 5). Pour être plus précis, il devrait d'ailleurs ajouter, ce qui est sous-entendu, que cela n'est vrai que si le triangle est plan. C'est faux pour un triangle sphérique par exemple.

Pour résumer, si la vérification marche dans un exemple, il n'y a aucune raison qu'elle marche dans tous les cas. Par contre, s'il existe un cas où elle ne marche pas, elle ne marche pas dans le cas général. C'est une des erreurs les plus fréquentes de raisonnement.

– *Quels autres types d'erreurs font les élèves ?*

– Sais-tu d'où vient le mot « erreur » ? Du latin *error*, « errer çà et là », être perdu. Quand tu fais une erreur, tu quittes « le chemin de vérité » de ta démonstration et tu te perds.

Les erreurs sont nombreuses et de nature différente. Certaines se rapportent à des domaines particuliers, elles concernent l'écriture, les phrases mal formées, tu te souviens ? D'autres portent sur le raisonnement, indépendamment du domaine où elles sont commises : les fautes de logique.

– *C'est quoi finalement la logique ?*

– On pourrait dire que c'est la science qui étudie les règles de la pensée.

– *Toute pensée est logique ? Les poètes sont logiques alors ?*

– Tu marques un point. Je rectifie, il faudrait dire : la logique est le domaine de la pensée rationnelle. Aristote, le grand philosophe athénien, l'a fondée. À l'origine, elle faisait partie de la philosophie, aujourd'hui elle constitue une branche des mathématiques. La loi absolue qui préside à la pensée logique est le *principe de non-contradiction* : une assertion et sa contraire ne peuvent être vraies à la fois. On ne peut pas dire « une chose et son contraire ».

On refuse par exemple que deux droites se coupent ET soient parallèles, ou qu'un nombre impair soit divisible par 2. La deuxième loi, le *principe du tiers exclu*, affirme qu'une proposition est soit vraie, soit fausse. Il n'y a pas de troisième possibilité. D'une assertion A et de sa contraire (non A), l'une des deux est forcément vraie. Alors, soit A est vraie, soit (non A) est vraie. Si (non A) est vraie, A est fausse. Et si (non A) est fausse, A est vraie. Ce qui implique que l'on dispose toujours de deux voies pour démontrer une assertion A. La voie directe : démontrer que A est vraie, et la voie indirecte : démontrer que (non A) est fausse. À toi de choisir l'une ou l'autre suivant les situations. Parfois les données du problème ont été choisies pour que tu ne puisses résoudre le problème que par la voie indirecte.

– *La logique, on l'étudie au lycée ?*

– Oui, mais seulement en terminale. C'est dommage qu'on ne l'étudie pas plus tôt, on devrait l'enseigner dès la seconde, comme la philosophie d'ailleurs.

– *Les maths et la philosophie sont liées, mais on ne le voit jamais dans les cours.*

– Oui, à l'origine elles étaient intimement liées. Beaucoup de grands mathématiciens étaient des philosophes, et beaucoup de grands philosophes étaient des mathématiciens. On a déjà rencontré Descartes, Leibniz, Pythagore. Si l'on n'en parle presque jamais dans les cours, c'est que les programmes sont mal fichus. Et ne me lance pas sur ce sujet, veux-tu ?

– *Mais si, mais si !*

– À l'école, on ne donne pas assez de place aux notions fondamentales ; c'est à essayer de les comprendre qu'on devrait passer le plus de temps, c'est sur elles que l'effort principal devrait porter. Tant qu'on ne les a pas comprises, on ne peut pas avancer. Et en plus, c'est ce qu'il y a de plus intéressant en maths.

– *Et quelles sont les notions fondamentales ?*

– On a passé presque tout notre temps à en parler : les idées ! le sens ! Le langage mathématique, le raisonnement, la démonstration, les théorèmes, le signe égal, *l'implication.*

Justement, on n'a pas encore parlé de l'implication. Tu veux qu'on parle de l'implication ?

– *J'en meurs d'envie.*

– Ton soudain appétit de savoir me comble.

– *C'est depuis que je sais que tu es un maître cuistot.*

– Je vais donc te mitonner un petit plat d'implications al dente.

Les logiciens ont créé un verbe, « impliquer », et un signe qui le représente, la flèche ⇒ : « *implique* ». Ce signe ne s'applique pas aux nombres ou aux objets géométriques par exemple, il ne concerne que les propositions, ne s'intéressant qu'à leur valeur de vérité. C'est pour cela qu'on le range dans les signes *logiques*.

Lorsque j'écris « P ⇒ Q », que je peux comprendre comme « si P alors Q », j'informe que la vérité de P entraîne la vérité de Q. Q peut se déduire de P par un raisonnement logique.

L'implication et l'égalité sont sans doute les concepts les plus importants des mathématiques. Ils sont fondamentaux dans l'élaboration et la conduite de tous les raisonnements. C'est la raison pour laquelle on rencontre leurs symboles respectifs ⇒ et = dans tous les domaines des maths, pas comme + ou // qui sont des signes n'ayant cours que dans des domaines spécifiques de l'univers mathématique.

– *Al dente ! C'est un peu dur à avaler, la double flèche.*

– P ⇒ Q. Deux propositions, chacune pouvant être ou vraie ou fausse. Il y a donc quatre possibilités.

– *Quatre ? Le faux peut impliquer le vrai ?*

– Il le peut ! Aussi étrange que cela paraisse,

le faux peut tout autant impliquer le faux que le vrai. Partons de $1 = 3$, qui est évidemment faux. J'ajoute 2 de part et d'autre de l'égalité : j'obtiens $1+2 = 3+2$, c'est-à-dire $3 = 5$, qui est faux. Le faux implique le faux. Mais comme $1 = 3$, je peux ajouter 3 dans la partie gauche de l'égalité et 1 dans la partie droite, j'obtiens alors $1+3 = 3+1$, qui est vrai. Le faux implique le vrai.

– *Quelle journée ! Le faux implique le vrai ! 2+2 n'est pas égal à 4 !*

– Pas toujours égal, rectifia Ray. Une seule situation est exclue : le vrai implique le faux. On ne peut accepter que partant d'une vérité et raisonnant correctement on aboutisse à un résultat faux, car s'il en était ainsi, tout s'effondrerait. Les penseurs grecs disaient : « Du vrai, le faux ne peut s'ensuivre. » La pierre angulaire du raisonnement et la confiance que l'on a en lui tient à un principe : si l'on est dans le vrai et que l'on raisonne correctement, on reste dans le vrai. On n'a aucun risque de verser dans le faux. Sans cette assurance comment raisonner ? L'activité majeure des mathématiciens pour produire des résultats consiste à choisir des propositions vraies et à en *déduire* d'autres propositions vraies. Ainsi, le stock de propositions vraies ne cesse de croître.

– *Est-ce que tu crois que ça se passe comme ça dans la vie ?*

– Je ne m'avancerai pas sur ce terrain.

– *Déduire, ça veut dire quoi ?*

– *Deducere*, « extraire », en latin !

Lola battit des mains :

– *J'étais sûre que tu allais me faire le coup de l'étymologie ! Mais c'est une belle image.*

Lola se tut et plongea dans une profonde réflexion, que Ray respecta.

– *Alors, déduire, c'est extraire ? J'extrais une phrase d'une autre phrase. Je lui donne naissance.*

Et avec un superbe sourire :

– *Lola, sage-femme des maths…*

– Eh ! Lola, où tu vas ?

– *Est-ce que c'est lié aux conditions nécessaires et aux conditions suffisantes ?*

– On atterrit ! Dans la vie courante, on utilise souvent les expressions « il suffit de », « il est nécessaire de » ou « il faut que ». Qu'entend-on par « *il est nécessaire* qu'il fasse froid pour qu'il neige » ?

– *Sans froid, pas de neige !*

– Mais pas « froid, donc neige » !

– *Il peut en effet faire froid sans qu'il neige pour autant.*

– Qu'entend-on par « *Il suffit* que le soleil brille pour que le jour soit levé » ?

– *Je suis assurée que le jour est levé dès lors que le soleil brille.*

– Mais pas « jour levé, soleil brille » !

– *Il se peut en effet que le jour soit levé et que le soleil soit caché par les nuages, par exemple.*

– On fait un duo parfait. Lola tu es un... – il se reprit – tu es UNE as. Soient Q et P deux assertions...

– *Assertion ? Quelle différence avec une proposition ?*

– Une proposition est une phrase bien formée, donc qui a un sens, mais qui ne se prononce pas sur la vérité de ce qu'elle exprime, alors qu'une assertion est une proposition donnée comme vraie.

Donc Q et P deux assertions. Q est une *condition nécessaire* pour avoir P si dès que P est vraie, nécessairement Q est vraie. Exemple, « D est un parallélogramme » est une *condition nécessaire* pour « D est un losange », ce que j'écris : « D est un losange » ⇒ « D est un parallélogramme ». Attention, là, ce n'est pas facile.

– *Il n'existe aucun losange qui ne soit pas, j'ai envie de dire* déjà…

– Dis *déjà.*

– *…qui ne soit pas déjà un parallélogramme. Par contre, il existe des parallélogrammes qui ne sont pas des losanges.*

– La condition n'est pas suffisante ! Ce qui me permet de passer habilement à… Q est une *condition suffisante* pour avoir P s'il suffit que Q soit vraie pour que P le soit. « D est un carré » est une condition suffisante pour « D est un parallélogramme ».

– *Il suffit d'être un carré pour être un parallélogramme. Dit autrement, comme tu dis : tous les carrés sont des parallélogrammes. Mais cela n'est pas une condition nécessaire parce que ce serait vrai également si D était un rectangle.*

– Et j'écris « D est un carré » $\Rightarrow$ « D est un parallélogramme ». Et puis, il y a comment vous dites ? Le must. Le must, c'est la condition nécessaire ET suffisante ! Les mathématiciens en raffolent. Le signe d'abord, une double flèche. Que dit $P \Leftrightarrow Q$? Si P est vrai, Q est vrai et si Q est vrai, P est vrai. Ce qui signifie Q et P sont vraies, ou fausses à la fois. Les mathématiciens passent leur temps à chercher des propositions équivalentes. Parce que si j'ai l'un, j'ai l'autre. On dit parfois « P est vraie *si et seulement si* Q est vraie ».

– Le professeur ne cesse de nous répéter : il faut connaître vos formules.

– Une formule, je vois cela comme une forme de calcul, une écriture ramassée utilisant uniquement des symboles, une sorte de « programme » informatique. C'est pour cette raison que les formules sont programmables sur un ordinateur.

Les formules sont considérées comme des fardeaux par la plupart des élèves, mais tu veux que je te dise ?, elles sont un véritable cadeau pour les élèves. Essaye de résoudre un problème, n'importe lequel, sans utiliser de formule. Je te souhaite bonne chance. Là alors, tu viendras me supplier : « Ray, je t'en prie, donne-moi des formules. »

– *Et tu me répondras quoi ?*

– J'ouvrirai le coffre au trésor empli de formules brillant de tous leurs feux, et je te dirai : sers-toi !

– *Les élèves ont de la chance, alors ?*

– On peut le dire. À l'origine, *formule* était employée en médecine pour désigner les règles suivant lesquelles un remède devait être administré. En dehors de ces règles, l'utilisation du remède provoquait des accidents. Il en est de même pour une formule mathématique : on doit impérativement préciser la situation dans laquelle elle a été élaborée et les conditions dans lesquelles elle doit être appliquée.

Dans la plupart des cas, les problèmes posés aux élèves portent sur des domaines où existent des formules ! D'abord, choisir la bonne formule, parmi toutes celles que le cours t'offre. Puis vérifier que les conditions du problème et celles de la formule choisie sont identiques. Cette vérification faite, il ne reste qu'à *appliquer* la formule, en remplaçant les lettres figurant dans la formule par leurs homologues dans le problème. Après, après, c'est la formule toute seule qui fait le travail !!

Souvent on considère que l'expression mathématique EST la formule. On se trompe, la formule, c'est l'expression mathématique ET la présentation de la situation, c'est-à-dire les conditions où elle est valide.

Une formule, ce n'est pas :

« $x = \frac{\left(-b+\sqrt{b^2-4ac}\right)}{2a}$ », mais « Soit l'équation du second degré à une inconnue, $ax^2+bx+c=0$. Si l'expression b^2-$4ac>0$, l'équation a deux racines, données

$$x_1 = \frac{\left(-b+\sqrt{b^2-4ac}\right)}{2a} \text{ et } x_2 = \frac{\left(-b-\sqrt{b^2-4ac}\right)}{2a}$$

À brûle-pourpoint, Lola demanda :

– *Toi, personnellement, les maths, tu trouves que c'est facile ou difficile ?*

– Ce n'est pas facile. Pas du tout.

– *« C'est facile, Lola, tu DOIS y arriver ! » Combien de fois j'ai entendu ça ! Mais si c'est facile ET que je n'y arrive pas, c'est que je suis idiote, non ?*

– Oh ! C'est de la bonne déduction, cela. Non, moi, je ne te dis pas cela, je te dis : « C'est difficile, Lola, mais tu vas y arriver. »

– *Finalement, est-ce qu'on a le droit de ne pas aimer les maths ?*

– On ne peut forcer personne à aimer quelque chose ou quelqu'un. L'amour ne se commande pas, mais on peut apprendre à aimer quelque chose qu'on n'aimait pas.

– *Qu'on n'aimait pas du tout ?*

– On ne risque rien à essayer. Oui, on a le droit de ne pas aimer les maths, comme on a le droit de ne pas aimer d'autres matières. Mais ce n'est pas non plus un titre de gloire que de les détester. Il est cependant préférable de les connaître au moins un peu avant de déclarer, définitivement, qu'on ne les aime pas. Ta grand-mère me disait toujours : « Goûte d'abord, après tu pourras dire que tu n'aimes pas. »

– Ce que tu fais avec moi, là, tu me fais goûter aux maths ?

– En quelque sorte. Et la dégustation n'est pas finie. On a encore bien des domaines à visiter.

– Pas finie ? J'ai toujours eu l'impression qu'on avait déjà tout découvert en maths et qu'il ne restait plus rien à trouver ?

– Poserais-tu cette question à la physique, la biologie ou la géographie ? Non. Il n'y a jamais eu autant de mathématiciens, autant de résultats nouveaux, autant de théories nouvelles, autant de questions, autant de problèmes posés. Chaque jour, voire chaque heure, plusieurs nouveaux théorèmes sont démontrés, oh ! pas forcément très intéressants, mais des résultats inédits qui n'avaient jamais été démontrés auparavant.

Depuis 2500 ans, dans la plupart des civilisations, il n'a pas cessé d'y avoir des mathématiciens. À chaque époque, ils ont été confrontés à deux types de questions. Des questions anciennes non encore résolues et des questions nouvelles liées aux mathématiques nouvelles. Des problèmes anciens qui avaient résisté aux tentatives des mathématiciens précédents étaient résolus, parce que de nouveaux outils avaient été créés, de nouveaux résultats étaient établis, de nouvelles théories étaient bâties, qui faisaient défaut aux mathématiciens des générations précédentes. De nouvelles disciplines se sont créées, la trigonométrie, la théorie des probabilités, la géométrie analytique, les statistiques…

Un autre processus rend le champ mathématique inépuisable : la création de nouveaux objets. Voilà comment cela se passe. Un mathématicien décide d'étudier une famille d'objets. Il a besoin d'outils. Si ceux à sa disposition ne suffisent pas, il est amené à en inventer de nouveaux. Or les outils en question sont eux aussi des objets mathématiques. Voilà créée une nouvelle famille d'objets. Le mathématicien décide de les étudier. Pour cela il a besoin de nouveaux outils, qui vont être à leur tour objet d'études… Le fleuve des mathématiques n'est pas près de se tarir.

– *Tu veux dire que les enfants des générations*

futures ne peuvent pas espérer qu'il n'y aura plus de nouvelles mathématiques ?

– En effet, il vaut mieux qu'ils ne comptent pas dessus.

– *Et la bosse des maths ?*

– Quoi la bosse des maths ?

– *Est-ce que tu as rencontré des gens qui l'avaient ?*

– J'aime quand tu joues la naïve ! J'ai rencontré des personnes très douées en maths, d'autres qui jouaient du piano magnifiquement, d'autres qui dessinaient divinement, d'autres encore qui étaient des as de la course à pied. Mais je n'ai jamais entendu parler de la bosse de la musique, du dessin ou de la course à pied.

– *Alors pourquoi les maths sont-elles les seules à avoir droit à une « bosse » ?*

– Dans les années 1800, un certain Franz Gall, un médecin anatomiste, crut avoir remarqué une excroissance au niveau du crâne. Il s'empressa de décider qu'elle était le signe d'une aptitude remarquable pour les mathématiques. La bosse des maths était née ! Rien n'est jamais venu confirmer les déclarations de Franz Gall. Mais la bosse avait la peau dure, l'expression est restée. Elle permettait à des tas de gens qui ne comprenaient rien aux maths d'expliquer que c'était de la faute à la bosse qu'ils n'avaient pas, et donc qu'ils ne pouvaient rien y faire. Sans bosse, point de salut ! Par contre, des études récentes ont permis de localiser des zones du cerveau « spécialisées » dans diverses opérations arithmétiques, l'addition ici, la multiplication là.

Ray s'interrompit :

– Hou, j'allais oublier. Comment se comporte l'implication avec les propositions négatives ? « D est un carré » ⇒ « D est un parallélogramme ». Si on passe aux propositions négatives, qu'aurais-tu envie qu'il se passe, Lola ?

– *Je devrais avoir envie de quelque chose ?*

Le regard insistant de Ray l'incita à avoir envie :

– *Je dirais « D n'est pas un carré » ⇒ « D n'est pas un parallélogramme ». Mais si tu me poses la question, ce ne doit pas être cela.*

– Examinons ! Si D n'est pas un carré, il peut être par exemple un parallélogramme. On aurait donc « D est un parallélogramme » ⇒ « D n'est pas un parallélogramme ».

– L'horreur de l'horreur, n'est-ce pas !

– Et même plus. L'erreur que tu viens de faire est l'une des plus communes.

Lorsqu'on passe aux propositions négatives, on change le sens de l'implication

Si P ⇒ Q, alors (non Q) ⇒ (non P) et pas (non P) ⇒ (non Q).

– Tout ce qui n'est pas vrai est faux. Je trouve cela sommaire. Entre l'eau bouillante et l'eau glacée, il y a des intermédiaires…

– « Aujourd'hui, 1er janvier 2008, le nombre de doigts des mains de Lola s'élève à onze » est faux, pas à moitié faux. Les phrases étudiées en mathématiques n'ont que deux possibilités, fausses, vraies. C'est certes un peu sommaire, mais dans la vie, il y a des tas de phrases qui sont dans ce cas.

– L'homme était « à moitié mort » !

– Un homme à moitié mort est vivant. Malheureusement, quand on est mort on ne l'est pas à moitié.

Le silence s'installa.

– *En maths, il faut justifier tout ce que l'on affirme ?*

– Encore quelque chose qui va te plaire. Les « Tu vois ce que je veux dire », « C'est évident », « Fais-moi confiance » sont proscrits. Ce qui paraît évident est parfois faux. Et ce qui semble faux se révèle parfois vrai. C'est vrai en maths, c'est vrai aussi dans la vie.

– *En maths, la confiance ne règne pas* !

– En effet, on ne fait pas confiance *a priori*. Toute phrase affirmée n'est acceptée que si elle est assortie de sa démonstration. Mais quand elle est acceptée, on lui fait une confiance absolue. On ne fait pas confiance aux hommes, mais on a une confiance totale en ce qu'ils ont établi.

– *Tu veux que je te dise, la rigueur, pour moi, ça fait militaire.*

– Les « maths kaki », c'est cela ! Pourtant, tu devrais méditer ceci qui n'est pas très militaire, qui en est même le contraire. En maths, une affirmation n'est pas vraie parce que c'est moi – le chef, le roi, le prêtre, le maître – qui le dis, pas vraie parce que je suis le plus fort. Elle est vraie parce que je t'en apporte la preuve et que tu peux par toi-même en vérifier la justesse.

Lola acquiesça d'un mouvement du visage.

– *On ne parle de rigueur qu'en maths ! Pas en français, ni en géographie, ni même en physique.*

– Pourtant, ne crois-tu pas qu'il y a de la rigueur en poésie ? Un poème, c'est tout sauf des mots jetés les uns à la suite des autres, la musicalité, la longueur des vers, l'alternance des sonorités. Tout cela est pétri de rigueur. Et la musique ?

Eh bien, c'est une erreur de n'en parler qu'en maths. Chaque domaine a sa rigueur propre. Il faut dire aussi qu'en maths plus qu'ailleurs elle a une fonction créatrice. Je m'explique : c'est parfois parce qu'on a poussé la rigueur dans le traitement d'une question que l'on a pu découvrir ce que l'on ne voyait pas tant qu'on était resté dans un état d'imprécision. Une grande partie de la force des mathématiques, et de son intérêt, vient de la rigueur dont elles font usage, pour définir les objets, pour établir les résultats, pour interroger les preuves qu'elles élaborent. Cette rigueur, on peut psychologiquement ne pas l'aimer.

– *Alors ?*

– Alors on n'aimera pas les maths, et on n'en mourra pas pour autant.

– *Ça sert à quoi les maths ?*

– L'amour, ça sert à quoi ?

– *Tu compares l'amour et les maths ?*

– Est-ce que ce qui est important doit forcément « servir » ?

Qu'est-ce qui sert ?

– *Mais je ne vais pas au collège pour apprendre l'amour ou l'amitié.*

– Mais pour apprendre ?

– *Pour apprendre, parfaitement.*

– Apprendre quoi ?

– *Ce qui va me servir.*

– Et qu'est-ce qui va te servir ?

– *C'est à toi de le savoir.*

– Mais toi, qu'est-ce que tu voudrais apprendre, savoir, comprendre ?

– *Je vais y réfléchir*, dit-elle tout bas. *À mon*

tour, Ray ! Je suis curieuse de savoir ce que toi tu peux aimer dans les maths.

– Pourquoi me demandes-tu ce que je *peux* aimer en maths, et pas simplement ce que j'aime ? Es-tu vraiment curieuse de le savoir ?

– *Euh … Finalement oui.*

– La finesse, la rigueur, l'efficacité, la précision, l'élégance des raisonnements, les surprises qu'elles nous réservent et la beauté.

– *La beauté ?*

– Parfaitement, la BEAUTÉ. Il y a des démonstrations élégantes et d'autres mal fagotées, pataudes.

– *Au moins, maintenant, c'est clair. On est tout à fait opposés, on est…*

– Dis-le !

– *Diamétralement opposés.*

– Qu'est-ce que tu veux dire par là ?

– *Qu'on ne peut pas être plus opposés que nous le sommes.*

– Tu vois, les maths, ça sert !

Regardant Ray avec émotion :

– *On n'a jamais passé autant de temps ensemble.*

Je regrette seulement que tu n'en aies pas passé autant à jouer avec moi.

– Il n'est jamais trop tard pour commencer.

TABLE

Du même auteur

L'Empire des nombres
Gallimard, coll. « Découvertes », 1996

La gratuité ne vaut plus rien
et autres chroniques mathématiciennes
Seuil, 1997 ; coll. « Points », 2000

Le Théorème du Perroquet
Seuil, 1998 ; coll. « Points », 2000

La Méridienne / La Mesure du monde
Robert Laffont, 1999 ; Pocket, 2003

Génis ou Le Bambou parapluie
Seuil, 1999

Le Mètre du monde
Seuil, 2000 ; coll. « Points », 2003

One Zéro Show :
spectacle arithmétique en 0 acte et 1 tableau...blanc
suivi de *Du point... à la ligne :*
spectacle géométrique en ligne... et en surface
Seuil, 2001

La Bela : autobiographie d'une caravelle
(illustré par Joëlle Jolivet)
Seuil, 2001

Les Cheveux de Bérénice
Seuil, 2003 ; coll. « Points », 2004

La Révolution des savants
Gallimard, coll. « Découvertes », 2004

Zéro ou les Cinq Vies d'Aémer
L'épopée de l'invention du zéro
Robert Laffont, 2005 ; Pocket, 2007

Villa des hommes
Robert Laffont, 2007

Dans la même série

Tahar Ben Jelloun
Le Racisme expliqué à ma fille

Régis Debray
La République expliquée à ma fille

Max Gallo
L'Amour de la France expliqué à mon fils

Sami Naïr
L'Immigration expliquée à ma fille

Jacques Duquesne
Dieu expliqué à mes petits-enfants

Jean Ziegler
La Faim dans le monde expliquée à mon fils

Lucie Aubrac
La Résistance expliquée à mes petits-enfants

Annette Wieviorka
Auschwitz expliqué à ma fille

Nicole Bacharan et Dominique Simonnet
L'Amour expliqué à nos enfants

Jacques Sémelin
La Non-violence expliquée à mes filles

Jérôme Clément
La Culture expliquée à ma fille

Roger-Pol Droit
Les Religions expliquées à ma fille

Henri Weber
La Gauche expliquée à mes filles

Jacky Mamou
L'Humanitaire expliqué à mes enfants

Jean Clottes
La Préhistoire expliquée à mes petits-enfants

Tahar Ben Jelloun
L'Islam expliqué aux enfants

Emmanuelle Huisman-Perrin
La Mort expliquée à ma fille

Patricia Lucas et Stéphane Leroy
Le Divorce expliqué à nos enfants

Roger-Pol Droit
La Philosophie expliquée à ma fille

Antoine Prost
La Grande Guerre expliquée à mon petit-fils

Michel Vovelle
La Révolution française expliquée à ma petite-fille

Bernard Sesboüé
Le Da Vinci code *expliqué à ses lecteurs*

Jacques Le Goff, Jean-Louis Schlegel
Le Moyen Âge expliqué aux enfants

Jean-Christian Petitfils
Louis XIV expliqué aux enfants

Marc Ferro
Le XXe siècle expliqué à mon petit-fils

Jacques Le Goff
L'Europe expliquée aux jeunes

Roger-Pol Droit
L'Occident expliqué à tout le monde

Pauline Schmitt Pantel
Dieux et déesses de la Grèce ancienne
expliqués aux enfants

Réalisation : PAO Éditions du Seuil
Achevé d'imprimer par Normandie Roto Impression s.a.s.
à Lonrai (Orne)
Dépôt légal : mars 2008. N° 92823 (080562)
Imprimé en France